国家林业和草原局普通高等教育“十四五”规划教材

林学专业综合实践教程

梅　莉　佃袁勇　周靖靖　主编

中国林業出版社
CFPH China Forestry Publishing House

内容简介

《林学专业综合实践教程》是林学专业综合实习的指导性教材，主要供林学专业本专科生及部分研究生使用。其内容深度融合并系统设计了林学专业核心知识与技能体系，把林业遥感、数字林业技术、森林计测学等课程的基础理论与技术，应用于林业资源调查统计，在此之上开展森林区划、资源调查、经营方案设计及育苗与培育措施设计等。为提升学生学习兴趣与效果，本教材融入大量图片、视频及在线资源，直观、易读且具可操作性。学生通过系统的专业综合实践，能掌握专业核心理论与实践技能。希望本教材的出版能助力培养具备综合应用与实践创新能力、服务我国林业建设及行业发展的人才。

图书在版编目(CIP)数据

林学专业综合实践教程 / 梅莉，佃袁勇，周靖靖主编. -- 北京 : 中国林业出版社，2025.3. --(国家林业和草原局普通高等教育“十四五”规划教材).
ISBN 978-7-5219-3089-4

Ⅰ. S7

中国国家版本馆 CIP 数据核字第 2025QK4921 号

策划编辑：肖基浒
责任编辑：王奕丹
责任校对：苏　梅
封面设计：睿思视界视觉设计

出版发行　中国林业出版社
（100009，北京市西城区刘海胡同 7 号，电话 83223120）
电子邮箱　jiaocaipublic@163.com
网　　址　https://www.cfph.net
印　　刷　北京盛通印刷股份有限公司
版　　次　2025 年 3 月第 1 版
印　　次　2025 年 3 月第 1 次印刷
开　　本　787mm×1092mm　1/16
印　　张　9.625
字　　数　240 千字
定　　价　42.00 元

《林学专业综合实践教程》
编写人员

主　　编　梅　莉　佃袁勇　周靖靖

编写人员（以姓氏拼音为序）

柴宗政（贵州大学）
佃袁勇（华中农业大学）
杜克兵（华中农业大学）
谷加存（东北林业大学）
贾秀红（华中农业大学）
李　明（福建农林大学）
刘　俊（国家林业和草原局华东设计院）
梅　莉（华中农业大学）
沈　亲（北京林业大学）
沈文娟（南京林业大学）
谭　波（四川农业大学）
汪　念（华中农业大学）
王懿祥（浙江农林大学）
张　鹏（东北林业大学）
张梦弢（山西农业大学）
赵振利（河南农业大学）
周靖靖（华中农业大学）

前　言

党的二十大清晰界定了教育的核心使命是培育德智体美劳全面均衡发展的社会主义建设者和未来接班人。实践教学，作为教育体系的关键构成部分，必须紧密围绕并服务于这一核心使命。林学是一门综合性和应用性较强的学科，要掌握这门学科不仅要深刻理解其基本原理，具备必要的基本知识，还要求学生能灵活地运用理论知识，具备发现、分析和解决林业实际问题的能力。林学类专业学生只有通过综合实践过程的历练，才能深刻理解和掌握专业的核心要义，才能更好地投入现代林业建设发展中去。因此，综合性的实践教学在林学专业学习中尤其重要。林学专业综合实践是将林学核心专业基础知识综合应用于实践的一门课程，我国大部分高等林业院校和农业院校林学学科都开设了这门必修实践课程。

目前，各高校在开展林学专业综合实践课程授课时还存在一些现实困难，例如，如何打破课程间的壁垒，真正做到深入融合；实践教学与林业生产实际接轨还有距离；实践课程开展存在师资对接、实践场地条件等限制；缺乏统一的实践指导教材，各高校实践教学的做法不一，实践教学水平也参差不齐。因此，编写专门的实践指导书，规范林学专业综合实践教学势在必行。

华中农业大学林学专业综合实践课程教学团队自 2015 年开始进行课程的改革和实践。在课程内容建设上，将林业遥感、数字林业技术、森林计测学等课程的基本理论与技术应用在林业资源调查和统计中，并以此为基础，开展森林区划、森林资源调查、经营管理方案制订、森林培育措施设计及林木种苗(苗圃规划和种子园规划)等专项设计。通过几年的实践、反思和改进，摸索出一套行之有效的林学综合实践教学体系。这套林学实践体系将各主干专业课程深度融合，提高了实习内容的挑战度和高阶性，在提高学生的综合能力、创新能力和自主学习兴趣方面有显著的效果。希望《林学专业综合实践教程》能进一步完善实践教学体系，固化综合实践内容和形式上的契合关系，达到实践创新、资源共享的目的，同时也希望本教材的出版对我国林学专业本科人才培养质量提升起到一定的促进作用。

本教材由来自 12 家单位，具丰富综合实践经验的专业教师或林业生产工程技术人员合作编写。本教材共 10 章，主要内容及分工如下：第 1 章 林学专业综合实践概述，由周靖靖、佃袁勇编写；第 2 章 土地利用现状解译与制图，由佃袁勇、沈文娟编写；第 3 章 立地类型划分及小班区划，由周靖靖、刘俊编写；第 4 章 森林资源调查，由佃袁勇、贾秀红、谭波编写；第 5 章 森林资源统计分析，由佃袁勇、王懿祥、沈亲编写；第 6 章 森林经营方案编制，由佃袁勇、柴宗政编写；第 7 章 造林规划设计，由梅莉、刘俊、张梦弢编写；第 8 章 抚育采伐作业设计，由梅莉、谷加存、李明编写；第 9 章 苗圃调查规划设计，由梅莉、张鹏、赵振利编写；第 10 章 种子园规划设计，由汪念、杜克兵编写。

为了增进实践教程的可读性和实践环节的可操作性，本教材融入了大量图片和视频，特别是将具有一定难度的关键过程以视频形式呈现，更具有直观性，有利于激发学生的兴趣，提高学习和实践效果。针对实习中的重点和难点——标准地调查与树干解析，我们制作了虚拟仿真实验资源，发布在国家虚拟仿真实验教学课程共享平台。为了更好地体现实践效果，教师在教学中可以采用“虚实结合”“先虚后实”的方式组织实践教学活动。

本教材的编写得益于各院校同行专家的无私帮助。湖北省太子山林场管理局、襄阳市林业科学研究所、神农架林区林业科学研究院等领导毫无保留提供材料和保障；华中农业大学周志翔教授和王鹏程教授为本教材编写提出了建设性意见；罗杰老师、张瑜老师、何伟老师、王奔老师、方燕妮老师、徐莉清老师等在综合实践教学中都付出了辛勤的汗水，林学系部分研究生和本科生参与了图片及视频资料的收集和整理，在此一并表示感谢！

值此书稿付梓之际，虽有喜悦，更多是忐忑。由于编者水平和时间所限，书中错误之处在所难免，敬请各位同行、读者批评指正，也欢迎在教材使用中多多交流沟通，以便修改完善。

编 者

2023 年 3 月于武汉狮子山

目　录

第 1 章　林学专业综合实践概述

林学专业综合实践要求学生利用土壤学、气象学、森林培育学、森林经理学、林业遥感、数字林业技术和森林计测学等课程理论和技术，结合数理统计、信息技术，区划调查、分析统计等技术和方法来评价森林资源现状、开展有关森林资源的专项调查或作业设计；制订森林经营方案或编制森林资源规划设计调查报告，并进行造林规划设计、抚育采伐作业设计、苗圃规划设计、种子园规划设计等专项作业设计。

本章主要介绍林学专业综合实践的内容、具体工作流程、实习成果、建议考核方式和注意事项等。

1.1　实习内容

首先，全面了解林业经营单位的自然、地理及经营历史和现状，基于林场基础资料结合遥感和地理信息系统技术，进行森林资源抽样调查，完成森林资源现状的统计分析；其次，明确森林经营区存在的问题，根据经营区的需求确定森林经营的方向和目标，划分功能区及森林经营类型，完成以小班为单位的森林经营措施设计，实现合理采伐量计算，形成森林经营方案报告；最后，根据经营目标在森林经营方案的基础上进行专项设计，明确抚育采伐、造林、苗圃和种子园等区域的规划设计，编制专项设计说明书，形成一系列森林经营的技术体系。总体实践内容如图 1-1 所示。

1.2　实习流程

1.2.1　实习准备

(1)资料收集

实习区域高分 2 号或 SPOT6 等高空间分辨率遥感影像图、1∶10 000 地形图、林相图、小班分布图等，以及林业生产条件、森林资源特点、森林经营状况及生产经营单位情况。

(2)仪器及材料准备

仪器及材料

①林分调查　罗盘仪、手持 GPS 定位仪、测绳、角规、测径尺、测高仪、皮尺、卷尺、激光测距仪、木桩、生长锥、游标卡尺、三脚架、望远镜、海拔仪、枝剪、标杆、坐标纸和各种调查表格等。

②土壤测定　土壤温湿度测定仪、土壤硬度测定仪、土壤养分速测仪、土壤重金属速测仪和 pH 试纸等。

③参考书　《森林培育学》《森林培育学实践教程》《森林计测学》《森林经理学》《土壤学》《林业遥感和数字林业技术实习指导》等。

④其他　计算机(具备常用办公及 ArcGIS、ENVI、SPSS 软件)；铅笔、橡皮、记录板、彩色粉笔、塑料绳、环刀(镰刀)、手锯、短柄铁锹、工具包、计算器、自封袋和标签等。

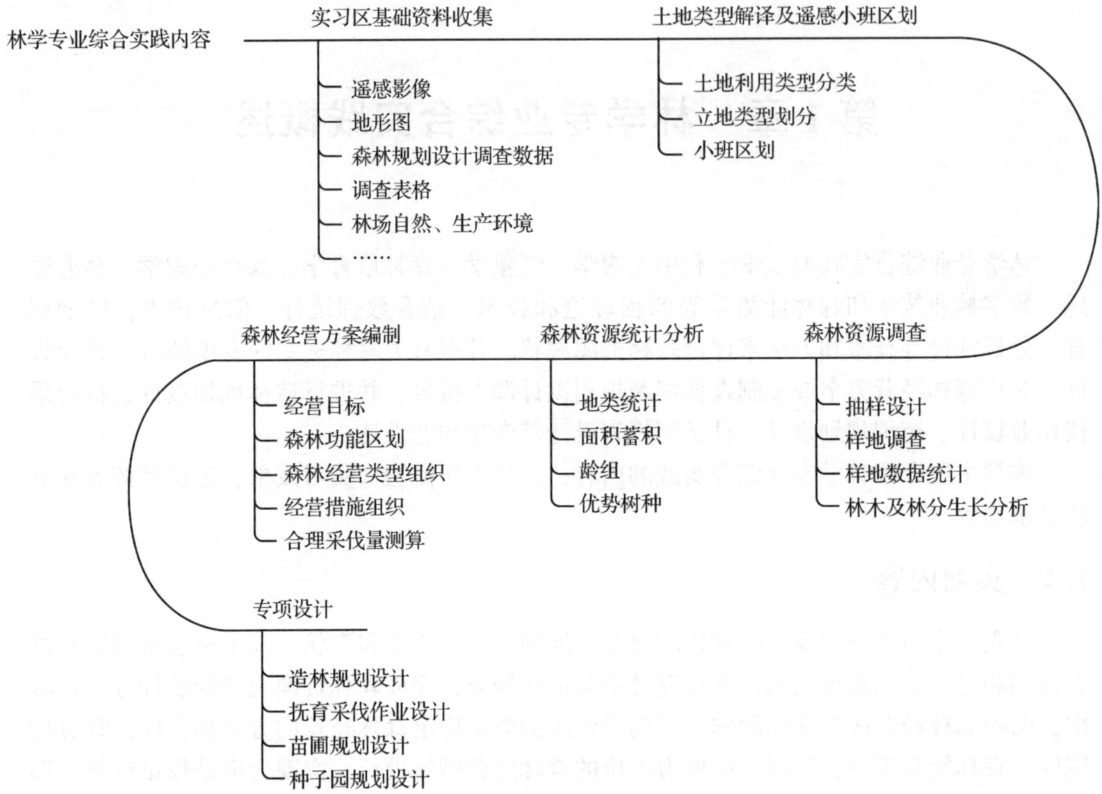

图 1-1　林学专业综合实践内容

1.2.2　外业调查

(1)路线踏查

选择踏查路线时，要在调查区域内选择能覆盖区域内所有地类和树种、有代表性的勘察路线；根据地形图和遥感影像图，现地调查地类、林种、树种(组)、龄级、地貌、坡度、坡向、坡位、起源、郁闭度、地被物、土壤类型等因子，建立遥感影像特征与实地情况相对应的判读样片。

(2)小班调查的抽样布点

根据土地利用现状分类图和小班区划图，在实习基地划定区域进行样地调查，选择并布设调查样地，将样地情况详细记录，绘制样地布设图，样地需包含不同林种、不同树种、不同林龄、不同密度的林分，样地面积占总面积的1%。

(3)样地调查

①林分因子调查

a. 乔木层：树种、树高、胸径、位置、冠幅、枝下高、密度、郁闭度、枯立木株数、活立木蓄积量和林分蓄积量。

b. 灌木层：灌木种类、高度和多度。

c. 草本层：草本的种类和频度。

②立地因子调查　坡度、坡向、坡位、海拔和土壤因子调查(包含土壤类型、腐殖质厚度、土壤质地、土壤 pH 值等)。

③天然更新状况调查。

④下木及活地被物调查。

1.2.3　内业工作

(1)立地类型划分和小班区划

在路线踏查的基础上，按照《土地利用现状分类》(GB/T 21010—2017)完成基于1∶10 000地形图和遥感影像的土地利用现状分类图、立地分类图；在土地利用现状分类图的基础上，利用目视解译和现场验证的方法将有林地进行小班地类解译和勾绘，提交小班区划图。

(2)森林资源统计及分析

编制小班各类土地面积与各类蓄积量统计表，进行面积和蓄积量统计，完成森林资源统计分析与评价。

(3)森林经营方案编制

在上述基础上，完成整个森林资源现状评估、森林经营目标、制订森林经营目标，完成森林功能区划和森林经营类型划分、森林经营规划与设计等具体内容。

(4)造林规划设计

根据经营方案中规划的造林区域，选择典型示范区完成造林规划设计。主要包括编制立地类型特征表、进行典型造林设计、编制造林类型表、做好种苗规划、编制造林规划设计说明书等内容。

(5)抚育采伐作业设计

根据经营方案中规划的抚育区域，选择典型示范区完成抚育采伐作业设计。主要包括根据外业调查结果，确定抚育采伐对象、确定抚育采伐方式和方法、确定抚育采伐强度、完成抚育采伐设计汇总表、完成森林采伐设计图、编写抚育采伐作业设计说明书等内容。

(6)苗圃规划设计

根据经营方案中规划的苗圃区域，完成苗圃规划设计，编写苗圃规划设计说明书。主要包括苗圃调查、苗圃面积计算、苗圃区划、育苗技术设计等内容。

(7)种子园规划设计

根据经营方案中规划的种子园区域，完成种子园规划设计。主要包括种子园平面区划、种子园总体工作程序、种子园各区施工进度安排、经费预算及收益预估等。

1.3　实习成果

外业调查基础数据、标准地调查数据(纸质版和电子版)、土地利用现状图、立地因子调查表、立地类型图、森林资源统计分析、森林经营方案编制、造林规划设计方案(相应的图和表)、抚育采伐设计方案(相应的图和表)、苗圃规划设计方案(相应的图和表)、种子园规划设计方案、实习总结报告及实习心得等。

1.4 考核方式

依据实习任务，建议的考核内容包含：

①调查数据收集情况 主要考核数据的完整性和可靠性。

②专题考核及其质量评价 考核森林经营方案、造林调查规划设计、森林抚育采伐作业设计、苗圃设计、森林资源清查、典型森林分布数字影像特征等设计说明书的撰写，重点考核设计内容的完整性和可行性。

③实习表现 主要包括出勤率、纪律情况、学习态度和协作意识等。

④分组 PPT 汇报。

1.5 注意事项

①实习分小组进行，按小组领取和保管实习仪器，并做好实习调查所需相关表格的准备；组长负责组织和协调工作；各小组按实习内容分工负责，相互协作。

②实习期间严格考勤；学生要遵守作息时间和实习纪律，服从指导老师的统一安排，不得无故缺席实习活动，特殊情况严格执行请假销假程序。

③教辅老师负责安排生活、后勤和仪器维护等工作。

④实习指导老师负责具体课程指导；实习老师积极配合、协商实施；学生服从实习老师安排，有问题及时沟通协商。

⑤实习期间注意安全，上山做好各项安全防护准备；实习期间不得饮酒，禁止私自外出。

⑥按时按要求完成实习老师所布置的任务，及时上交实习报告和实习总结。

1.6 分项时间安排建议

整个实习建议在 20 d 完成，可以安排在大三暑假或者大四上学期完成，其中，外业 12~15 d，内业工作 5~8 d。具体时间安排建议见表 1-1。

表 1-1 实习时间安排

实习项目	具体内容	建议时间(d)
实习动员	召开动员会，并对参加实习的指导教师和学生进行培训	0.5
准备工作	(1)全面收集各种基础资料，包括基础图面数据、卫星影像数据等； (2)调查表格的印制与分发； (3)分组领取仪器设备和工具； (4)学生个人物品准备(衣物、药品和雨具等)	0.5
熟悉林场概况	(1)了解林场的自然和组织结构等基本情况； (2)了解林业生产的历史、现状及日常生产活动重点等； (3)了解当地种子与苗木生产情况及实际需求； (4)强调实习任务，介绍林场地形图数据、遥感数据等	1

（续）

实习项目	具体内容	建议时间(d)
路线踏查、勾绘小班	(1)在调查区域内选择能覆盖区域内所有地类和树种、有代表性的勘察路线； (2)根据地形图和遥感影像图，分组分任务进行现地调查，记录地类、林种、树种、龄级、地貌、坡度、坡向、坡位、起源、郁闭度、地被物、土壤类型等因子，并拍摄地面实况照片，用GPS定位，建立遥感影像特征与实地情况相对应的判读样片； (3)在踏查的基础上，按照《土地利用现状分类》(GB/T 21010—2017)完成基于1∶10 000地形图和遥感影像的土地利用现状分类图、基于地形图的立地分类图； (4)在土地利用现状分类图的基础上，利用目视解译和现场验证的方法将有林地进行小班地类解译和勾绘，提交小班区划图； (5)小班调查的抽样布点	2
数据整理和基本图绘制	(1)整理外业调查数据，检查调查结果； (2)如发现数据异常，及时补测； (3)主要成果包括：①土地利用现状图，②立地类型划分图，③小班区划图，④小班抽样布点图，⑤基础调查数据表格及整理	1
标准地调查与资料统计	(1)根据土地利用现状分类图和小班区划图，分工分组，在实习基地划定区域进行分组样地调查，并详细记录地理坐标，绘制样地布设图； (2)样地调查内容包括：①林分因子调查，②立地因子调查，③天然更新状况调查，④下木及活地被物调查等，根据调查结果填写样地调查表； (3)初步成果包括：①完成相关小班、样地调查表及统计表，②样地分布图及属性，③调查数据输入计算机，提交蓄积量等计算结果	3
森林资源统计及分析	(1)森林资源统计分析与评价； (2)编制林班各类土地面积统计表与蓄积量统计表； (3)林场总体规划设计与布局	1
编制森林经营方案	(1)设计区的林业生产条件； (2)森林资源特点； (3)森林经营目标及组织经营单位：①森林经营目标，②森林功能区划及划分经营区(林种区)，③组织经营种类； (4)主伐利用设计：①确定主伐方式，②确定主伐年龄，③确定年伐量，④选择主伐地点与编制主伐方案； (5)森林经营措施设计：① 抚育采伐与卫生采伐，②森林更新，③林分改造，④林分保护，⑤林副产品利用与多种经营； (6)预期效果及存在问题	1~2
抚育采伐初步设计方案	(1)根据外业调查结果，确定抚育采伐对象； (2)确定抚育采伐方式和方法； (3)确定抚育采伐强度，填写抚育采伐设计汇总表，完成森林采伐设计图(草图)； (4)编写抚育采伐作业设计说明书	2
造林规划初步设计方案	(1)编制立地类型特征表：在立地类型因子汇总表的基础上，基本确定所需划分的立地类型； (2)造林典型设计及编制造林类型表：根据立地类型、造林树种、造林技术规程编制造林技术设计； (3)种苗规划：年育苗面积(包含主要造林树种育苗面积)、苗圃规划(育苗面积计算和苗圃地规划)、产苗量及苗木质量标准，年造林和育苗需种量，种子来源等； (4)规划设计文件编制：①编写造林规划设计说明书，②编制表格(造林地面积统计表、造林地立地类型面积统计表、造林规划表、苗木需要量和育苗面积规划表)，③专题图绘制(土地利用现状图、造林立地类型图和造林规划设计图)	1

（续）

实习项目	具体内容	建议时间(d)
苗圃规划初步设计方案	结合当地林业生产经营现状，选择合适区域进行调查区划，并编制苗圃规划设计方案，主要内容包括： (1)苗圃设计地点及自然经济条件概况调查； (2)苗圃生产任务及面积计算； (3)苗圃地区划； (4)各树种育苗技术措施设计说明； (5)育苗直接成本估算	1
种子园初步规划设计	(1)种子园选址； (2)生产区面积区划； (3)技术措施设计； (4)施工程序安排及经济投入受益统计等	1
返程	返程，整理并归还仪器设备	1
内业材料整理、完善编制专项设计方案	(1)完善苗圃规划设计方案； (2)完善造林调查规划设计方案； (3)完善森林抚育采伐设计方案； (4)完善森林经营设计方案； (5)完善种子园规划设计方案	4
汇报和成果提交	(1)学生分小组 PPT 汇报，展示实习成果，并总结实习收获和不足，提出下一步改进措施； (2)提交实习成果，包括外业调查基础数据(土地利用现状草图、立地因子调查表、立地类型图)、标准地调查数据(纸质版和电子版)、苗圃地调查情况、完整造林规划设计方案(相应图和表)、抚育采伐设计、森林经营方案、种子园规划设计方案实习总结报告等	1

第 2 章　土地利用现状解译与制图

土地利用现状调查分析是森林资源调查的前提，主要是以实习区域为单位，结合地面调查，利用高分辨率遥感影像完成实习区域各种土地利用类型分布、面积统计和利用状况解译与制图。遥感影像调查底图可选择高分 2 号高分辨率多光谱影像，要求学生独立进行遥感数字图像处理与分析，具体的内容包括：①地类的遥感解译标志建立；②遥感影像波段选择和合成；③调查区域遥感影像裁剪、几何精校正；④土地利用分类遥感制图等。

下面以湖北省太子山林场管理局高分辨率高分 2 号遥感影像为例，利用遥感数据完成该区域土地利用现状解译与制图。

2.1　数据资料信息

高分 2 号(GF-2)卫星是我国自主研制的首颗空间分辨率优于 1 m 的民用光学遥感卫星，搭载有两台高分辨率 1 m 全色、4 m 多光谱相机，具有亚米级空间分辨率、高定位精度和快速姿态机动能力等特点，有效地提升了卫星综合观测效能，达到了国际先进水平。高分 2 号卫星于 2014 年 8 月 19 日成功发射，8 月 21 日首次开机成像并下传数据。这是我国目前分辨率最高的民用陆地观测卫星，星下点空间分辨率可达 0. 8 m，标志着我国遥感卫星进入了亚米级“高分时代”。高分 2 号卫星及其传感器参数见表 2-1 和表 2-2。

表 2-1　GF-2 号卫星轨道参数

参数	指标	参数	指标
轨道参数	太阳同步回归轨道	降交点地方时	10:30AM
轨道高度	631 km	回归周期	69 d
轨道倾角	97. 908 0°		

表 2-2　GF-2 号传感器波段信息

载荷	谱段号	谱段范围(μm)	空间分辨率(m)	幅宽(km)	侧摆能力	重访时间(d)
全色与多光谱相机	1	0. 45~0. 90	1	45(2 台相机组合)	±35°	5
	2	0. 45~0. 52	4			
	3	0. 52~0. 59	4			
	4	0. 63~0. 69	4			
	5	0. 77~0. 89	4			

2.1.1　土地类型分类

土地类型(以下简称地类)是根据土地的覆盖和利用状况综合划定的类型，参考附表 1《土地利用现状分类》(GB/T 21010—2017)节选和《林地分类》(LY/T 1812—2021)的要求，将实验区域划分为林地和非林地 2 个地类类别。其中，林地划分为 7 个一级地类和 11 个二级地类；非林地划分为 5 个一级地类和 8 个二级地类。土地类型划分见表 2-3。地类划分的最小面积为 0.066 7 hm^2。

表 2-3　土地类型划分表

地类类别	一级	二级
林地	乔木林地	乔木林地
	灌木林地	特殊灌木林地
		一般灌木林地
	竹林地	竹林地
	疏林地	疏林地
	未成林造林地	未成林人工造林地
		未成林封育地
	苗圃地	苗圃地
	迹地	采伐迹地
		火烧迹地
		其他迹地
非林地	耕地	耕地
	牧草地	牧草地
	水域	水域
	建设用地	工矿建设用地
		城乡居民建设用地
		交通建设用地
		其他用地
	其他土地	其他土地

2.1.2　地类划分标准

(一)林地

(1)乔木林地

乔木林地指由乔木(不含因人工栽培而矮化的)树种组成的片林或林带，郁闭度≥0.2。其中，林带行数应在 2 行以上且行距≤4 m 或林冠冠幅水平投影宽度在 10 m 以上；当林带的缺损长度超过林带宽度的 3 倍时，视作 2 条林带；2 条平行林带的带距≤8 m 时按片林调查。

(2)灌木林地

灌木林地指附着有灌木树种，或因生境恶劣或人工栽培矮化成灌木型的乔木树种以及胸径<2 cm 的小杂竹丛，以经营灌木林为主要目的或专为防护用途，覆盖度在 30%以上的林地。其中，灌木林带行数应在 2 行以上且行距 ≤2 m；当灌木林带的缺损长度超过林带宽度的 3 倍时，视作 2 条灌木林带；2 条平行灌木林带的带距 ≤4 m 时，按片状灌木林调查。

①特殊灌木林地

a. 乔木分布上线灌木林：如幕阜山北坡海拔 1 200 m 以上的灌木林，武陵山脉 2 200 m 以上的灌木林，大别山 1 300 m 以上的灌木林。

b. 岩溶区灌木林：石漠化监测区内的灌木林。

c. 灌木经济林：以生产油料、干鲜果品、工业原料、药材及其他林副特产品为主要经营目的，林种为经济林的灌木林地。

②一般灌木林地　不属于特殊灌木林地的其他灌木林地，包括大江大河两岸、坡度 45°以上、土壤侵蚀严重等符合划分防护林区域中的灌木林地。

不专为防护、特殊用途和平茬经营及获得经济效益为目的的，按其他宜林地处理。

(3)竹林地

竹林地指附着有胸径 2 cm 以上的竹类植物，郁闭度≥0.2 的林地。包括新造竹达到成林年限后，生长正常、稳定，虽胸径<2 cm，但保存率达到合理造林株数 80%以上的林地。

毛竹和乔木混交且郁闭度≥0.2 时，以样木或样竹占优的一方确定地类；其他以经营目的确定。

(4)疏林地

疏林地指附着有乔木树种、郁闭度在 0.1~0.19 的林地，达到成林年限且生长稳定，保存率达到 80%以上人工起源的乔木林除外。经济林和竹林不划分疏林地。

(5)未成林造林地

未成林造林地指人工造林(包括直播、植苗)、飞播造林和封山(沙)育林后再成林年限前分别达到人工造林、飞播造林、封山(沙)育林合格标准的林地。

(6)苗圃地

苗圃地指固定的林木和木本花卉育苗用地，不包括母树林、种子园、采穗圃、种质基地等种子、种条生产用地以及种子加工、贮藏等设施用地。

(7)迹地

迹地指乔木林地、灌木林地在采伐、火灾、平茬、割灌等作业活动后，分别达不到疏林地、灌木林地标准、尚未人工更新的林地。

(二)非林地

(1)耕地

耕地指种植农作物的土地，包括熟地，新开发、复垦、整理地，休闲地(含轮歇地、休耕地)；以种植农作物(含蔬菜)为主，间有零星果树、桑树或其他树木的土地；平均每年能保证收获一季的已垦滩地和海涂。耕地中包括南方宽度<1.0 m、北方宽度<2.0 m 固定的沟、渠、路和地坎(埂)；临时种植药材、草皮、花卉、苗木等的耕地，以及其他临时改变用途的耕地。

(2)牧草地

牧草地指生长草本植物为主的土地。

(3)水域

水域指陆地水域，海涂，沟渠、水工建筑物等用地。不包括滞洪区和已垦滩涂中的耕地、园地、林地、居民点、道路等用地。

(4)建设用地

建设用地包括土地利用类型中的商服用地、工矿仓储用地、住宅用地、公共管理与公共服务用地、特殊用地、交通运输用地。

(5)其他土地

其他土地指上述地类以外的其他类型的土地。

2.2 构建地类遥感解译标志

在利用遥感影像划分地类类型时，首先必须建立不同地类在遥感影像上的解译标志，提取地类特征，进而通过特征间的差异，实现地类分类。地类遥感解译标志的建立主要包含两个主要步骤：①结合影像进行外业踏查，识别实验区域地类类型；②在遥感影像上解译地类、勾绘样本。

2.2.1 外业踏查

外业踏查的主要工作流程：

①编制遥感影像判读踏查调查表，记录编号、地类信息和经纬度等信息(附表 2)。

②对内业解译的变化地块进行核实和调绘。根据实地情况，及时标明变化的地类。

③对遥感影像与实地不一致的地方进行调绘。对于图像上未反映的图斑应采用罗盘或全站仪实地测量，将变化的图斑绘制在工作图上，并注明地类编码和变更年份等信息。当变化范围较大或不方便测量时，可采用 GPS 进行外业测量。

④实际调查中，如果发现宽度>1.0 m 且<50 m 的线状地物，还需要丈量宽度，丈量精度为 0.1 m，在图上标明地类和宽度。

⑤耕地坡度复核。对内业生成的耕地坡度进行外业复核，发现错误并查明原因后及时标注和更改。

2.2.2 遥感的解译方法

利用遥感影像解译地表要素类型，主要从地表要素的形状、大小、阴影、色调、颜色、纹理、图案、位置和布局进行。

(1)形状

形状指目标物在影像上所呈现的特殊形状，在遥感影像上能看到的是目标物的顶部或平面形状。例如，建筑、农田、道路等都可以通过其形状判读出。地物在影像上的形状受空间分辨率、比例尺、投影性质等的影响。

(2)大小

大小指地物形状、面积或体积在影像上的尺寸。地物影像的大小取决于比例尺，根据比例尺，可以计算影像上的地物在实地的大小。对于形状相似而难于判别的两种地物，可以根据大小标志加以区别。

(3)阴影

阴影指影像上目标物因阻挡阳光直射而出现的影子。阴影的长度、形状和方向受到太阳高度角、地形起伏、阳光照射方向、目标所处的地理位置等多种影响。阴影可使地物有立体感，有利于地貌的判读。根据阴影的形状、长度可判断地物的类型和量算其高度。

(4)色调

色调指影像上黑白深浅的程度，是地物电磁辐射能量大小或地物波谱特征的综合反映。色调用灰阶(灰度)表示，同一地物在不同波段的图像上会有很大差别；同一波段的影像上，由于成像时间和季节的差异，同一地区同一地物的色调也会不同。当影像为多光谱图像时，不同的波段上地物的像素值有明显差异，表现为地物的波谱特征。

(5)颜色

颜色指彩色图像上的色别和色阶，如同黑白影像上的色调，它也是地物电磁辐射能量大小的综合反映。用彩色摄影方法获得的真彩色影像，地物颜色与天然彩色一致；用光学变换方法获得的假彩色影像，根据需要可以突出某些地物，更便于识别特定目标。

(6)纹理

纹理又称影像结构，是指与色调配合看上去平滑或粗糙的纹理的粗细程度，即图像上目标物表面的质感。例如，草场及牧场看上去平滑而成熟林看上去却很粗糙；海滩的纹理能反映沙粒结构的粗细；沙漠的纹理可表现沙丘的形状以及主要风系的风向；阔叶树种颗粒度大而针叶树种颗粒度小。

(7)图案

图案由目标物有规律地组合排列而形成，也可反映各种人造地物和天然地物的特征。例如，农田的垄、果树林排列整齐的树冠等，各种水系类型、植被类型、耕地类型等都有其独特的图形结构。

(8)位置

位置指地物所处的环境部位，各种地物都有特定的环境部位，因而它是判断地物属性的重要标志。例如，某些植物专门生长在沼泽地、沙地或戈壁上。

(9)布局

布局又称相关位置，指多个目标物之间的空间配置。一般地物之间相互有一定的依存关系，可从已知地物推断另一种地物的存在及其属性和规模，这是一种逻辑推理判读地物的方法，在遥感解译中有着重要的意义。

2.2.3　基于 ENVI 的地类解译

ENVI 是遥感影像专用处理软件，本节主要介绍选用该软件进行遥感影像解译的方法。

具体的解译过程包括影像彩色合成、图像拉伸增强、查看影像基本参数及典型地类光谱特征。

(1)影像彩色合成

遥感影像彩色合成可分为以下两种方法：一种是在 Available Bands List 中选用波段对应 R/G/B 直接合成彩色图像。通常用多光谱影像的红、绿、蓝通道对应 R/G/B 合成自然真彩色图像，一般用于高分辨率影像；利用其他波段对应 R/G/B 重新生成红、绿、蓝波段，一般用于增强某种地物颜色层次，如植被、水体等。另一种是利用模拟真彩色方法将其他波段加权处理，重新生成某一波段，一般用于缺少波段的传感器，如 SPOT、ASTER 等。

①直接波段组合方法(以 GF-2 数据为例)　在 Layer Manager 中右键单击【影像数据】，单击【Change RGB Bands】，弹出 Change Bands 窗口，依次取波段 3、2、1 作为 R/G/B(图 2-1)，点击【OK】。

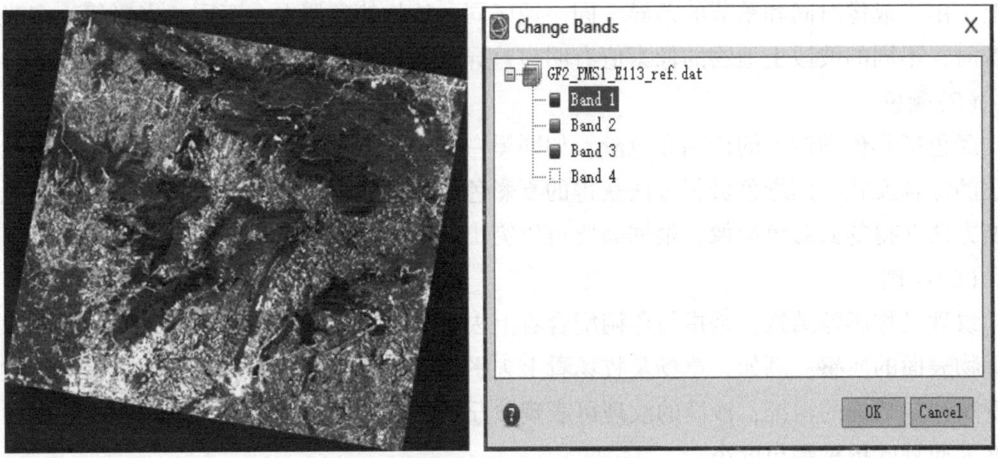

图 2-1　ENVI 中选择波段组合

②波段加权处理方法(以 GF-2 数据为例)　最常见的就是增强植被信息，可使用绿色和近红外波段加权运算。计算公式如下：

$$B_{new}=aB_{green}+(1-a)B_{nir} \tag{2-1}$$

式中，a 为权重值，一般取 0.8~0.9。

详细操作步骤如下：

a. 打开影像文件。

b. 在 ENVI 的 Toolbox 中选择 Band Algebra/Band Math，输入表达式：byte(b2 * 0.8+b4 * 0.2)，点击【OK】，弹出波段选择对话框，选择相应的波段执行运算，点击【OK】(图 2-2)。

c. 在 Change RGB Bands，选择：R-红色波段(即波段 1)，G-绿色波段(即波段 2)，B-蓝色波段(即波段 3)显示，点击【OK】，可以看到合成的效果(图 2-3)。

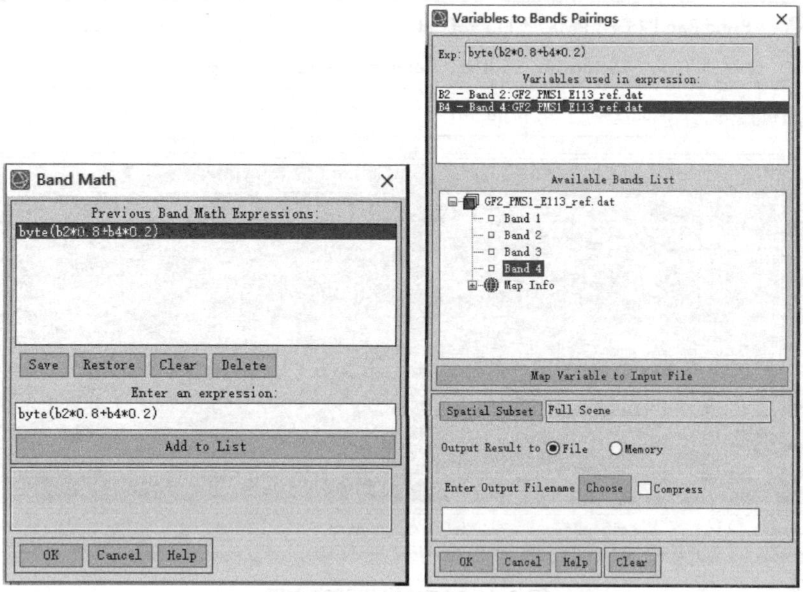

图 2-2　ENVI 中进行波段加权运算

图 2-3　ENVI 显示图像数据(R：波段 1，G：波段 2，B：波段 3)

(2)图像拉伸增强

图像拉伸可以使整体或局部图像的亮度范围拉伸或压缩成指定的显示范围，从而突出图像像元之间的对比度，使图像变清晰，特征明显。以下是直方图拉伸的两种方法具体操作步骤：

①通过 ENVI Classic 5.3 拉伸图像

a. 用 ENVI Classic 5.3 打开图像，这里以 GF-2 为例，任意选取一波段在 Display 窗口中显示。

b. 在 Display 菜单中选择 Enhance/Interactive Stretching，弹出如图 2-4 所示面板。

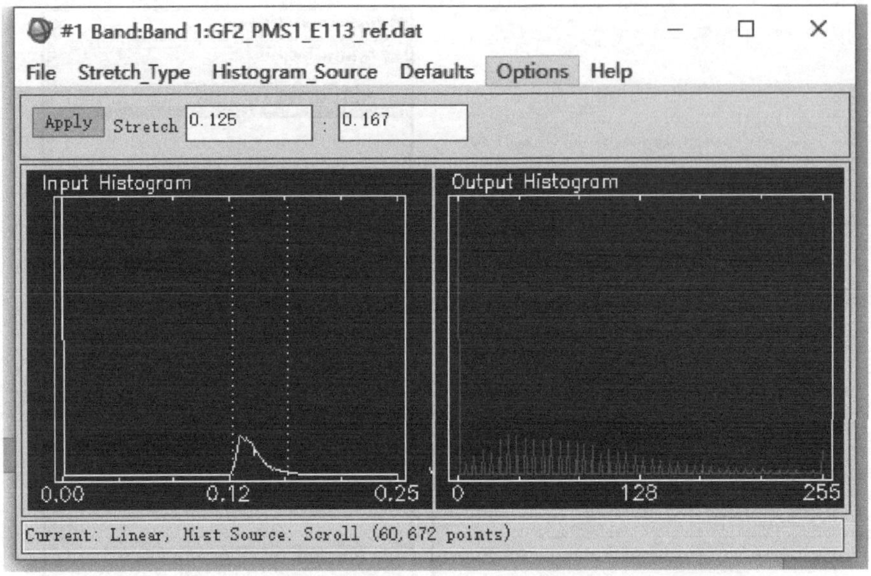

图 2-4　ENVI 中显示直方图

c. 将鼠标放在左边窗口中的虚线上，出现“十”字丝，通过“十”字丝移动可以调整虚线位置，点击【Apply】可以在 Dispay 窗口中查看图像的变化情况(注：可以通过点击【Stretch_ Type】选择高斯拉伸等方法)。

②通过 ENVI5. 3 SP1 拉伸图像　用 ENVI 5. 3 SP1 打开图像，在工具栏中单击拉伸工具，显示出不同的方法，单击不同的拉伸方法查看想要的效果，如 2%线性拉伸(图 2-5)。

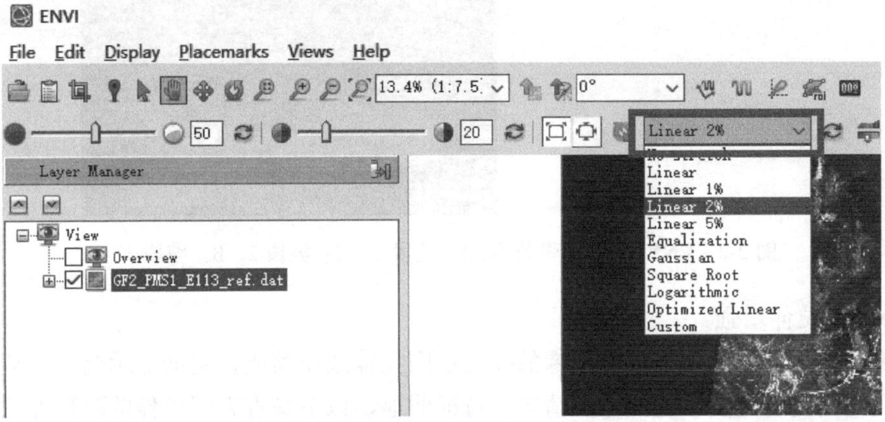

图 2-5　ENVI Classic 5. 3 SP1 拉伸图像

(3)查看影像基本参数及典型地类光谱特征

①查看影像基本参数　使用 ENVI 5. 3 打开高分 2 号影像，右键单击影像文件，选择单击【View Metadata】，可以查看图像信息，包括图像大小、数据类型、波段、坐标信息、投影信息等(图 2-6)。

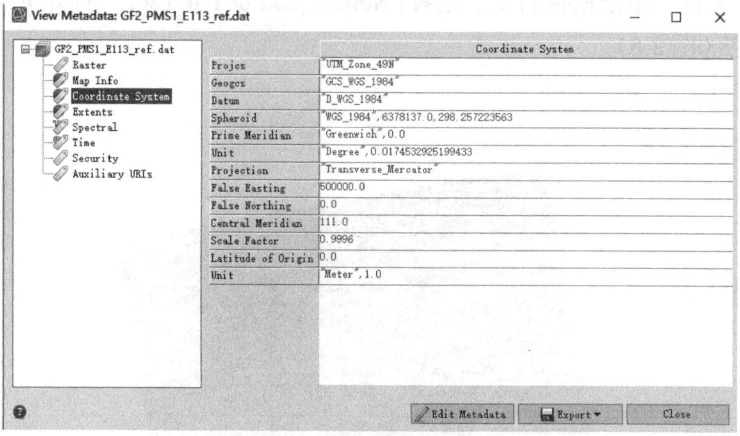

图 2-6　查看图像信息

②查看地类光谱特性　右键单击影像文件，选择单击【Profiles】，再选择【Spectral】选项，在弹出的 Spectral Profile 对话框中，可通过红色“十”字针查看不同地物类型的光谱信息(图 2-7)。

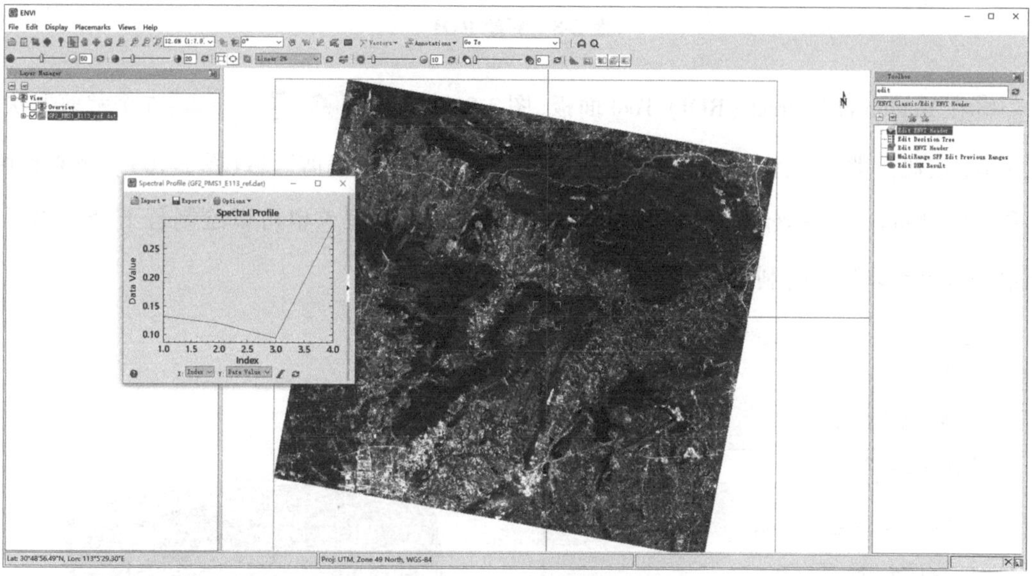

图 2-7　查看地物光谱曲线

2.3　调查区域裁剪

根据事先选定的实习地点，在遥感影像上裁剪需要的区域。利用 ENVI 软件中的裁剪功能可将图像根据需要进行不同形状的定制。具体介绍如下。

①使用 ENVI 5.3 打开需要裁剪的遥感影像。

②确定要裁剪区域，建立感兴趣区文件。在 Layer Manager 中选中“GF2_ PMS1_

E113_ ref. dat”文件，单击鼠标右键，选择【New Region of Interest】，打开 Region of Interest (ROI) Tool 面板(图 2-8)。

图 2-8　新建 ROI

③在 Region of Interest (ROI) Tool 面板(图 2-9)中有5 个裁剪形状，点击按钮，即可在图像上绘制调查区域的多边形，作为裁剪区域(图 2-10)。感兴趣区名称(ROI Name)、感兴趣区颜色等均可修改，根据需求也可以绘制若干个多边形，当绘制多个感兴趣区时利用进行删减。

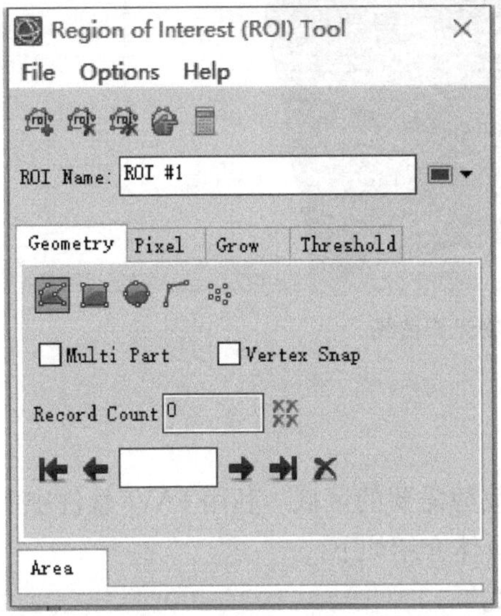

图 2-9　Region of Interest (ROI) Tool 面板

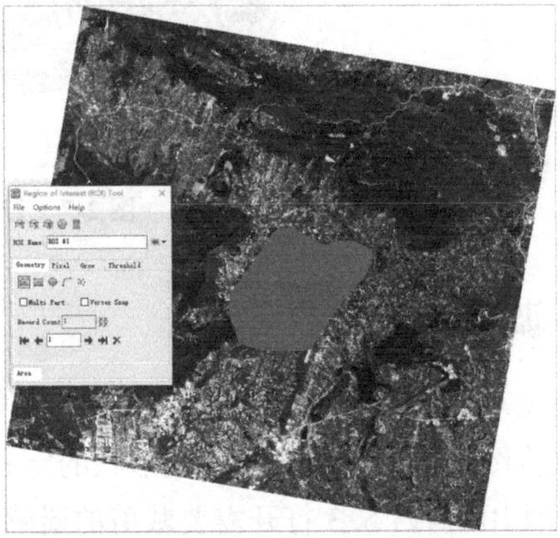

图 2-10　裁剪感兴趣区示意

④在 Region of Interest（ROI）Tool 面板中，选择【File】→【Save as】，保存绘制的多边形 ROI，选择保存的路径和文件名(图 2-11)。

⑤在 Toolbox 中，打开【Regions of Interest】→【Subset Data from ROIs】(图 2-12)。

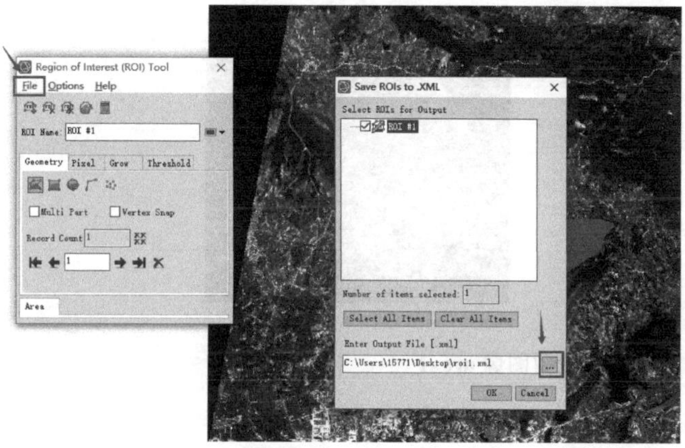

图 2-11　保存 ROI

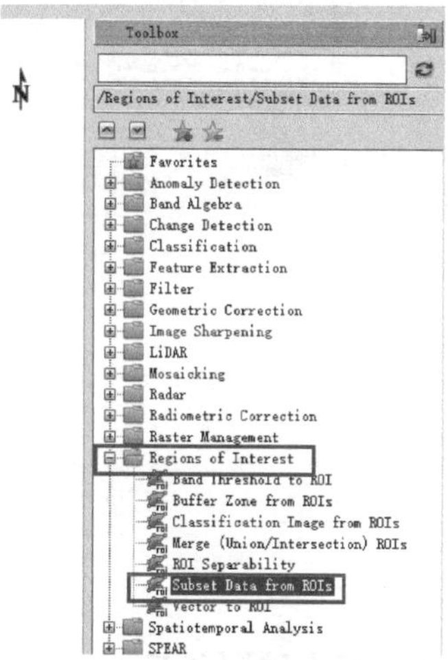

图 2-12　Regions of Interest 工具

⑥在 Select Input File 对话框中，选择【GF2_ PMS1_ E113_ ref. dat】，打开 Spatial Subset via ROI Parameters 面板(图 2-13)。在面板中，设置以下参数：

a. Select Input ROIs 选择刚才生成的矢量文件 ROI。

b. Mask pixels outside of ROI? 设置为 Yes。

c. Mask Background Value 背景值为 0。

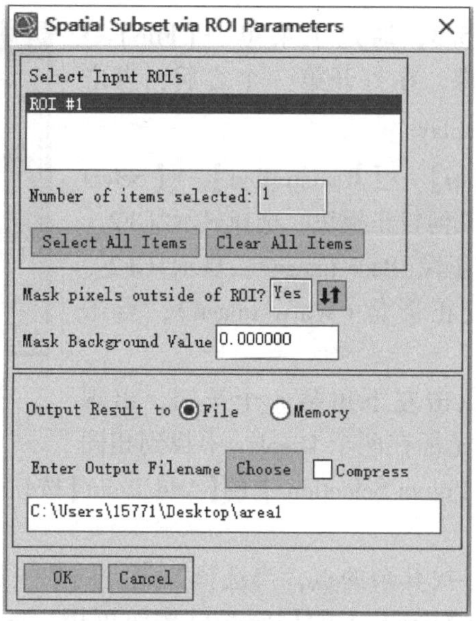

图 2-13　Spatial Subset via ROI Parameters 面板

⑦选择输出路径和文件名，单击【OK】执行图像裁剪。

⑧在 Layer Manager 中生成新图像 area1，打开后，可查看裁剪出的图像(图 2-14)。

图 2-14　裁剪图像 area1

2.4　几何精校正

根据使用数据源的不同，遥感影像几何精校正的方法有：①以图像为数据源校正遥感影像，即以已经校正过的遥感影像来校正另一幅遥感影像；②利用控制点坐标校正遥感影像，即通过现场测量控制点来校正遥感影像；③基于地形图校正遥感影像，即通过地形图来校正遥感影像。本次实习中，主要介绍前两种方法。

几何校正

2.4.1　基于图像的校正方法

①打开 ENVI Classic 5.3，通过主菜单→【File】→【Open Image File】打开图像，在打开第一个之后，点击，创建新的 Display。

②在主菜单中按【Map】→【Registration】→【Select GCPs：Image to Image】打开几何校正模块。选择显示“GF2_warp”文件的 Display 为基准影像(Base Image)，显示“GF2_ref”文件的 Display 为待校正影像(Warp Image)，点击【OK】(图 2-15)。

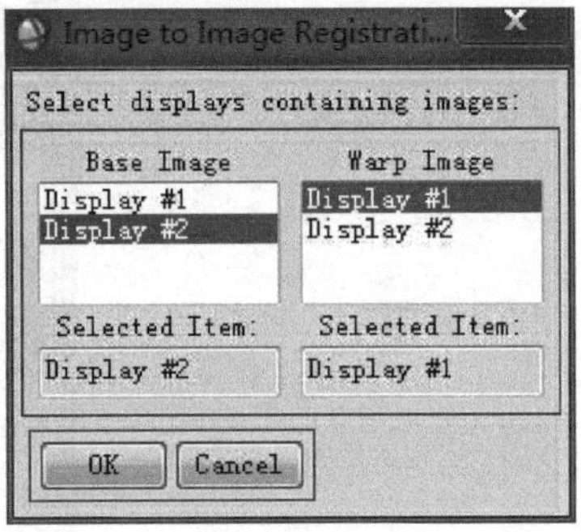

图 2-15　Image to Image Registration 面板

③在 Zoom 窗口中，点击左下角第 3 个按钮，出现“十”字光标，借助“十”字光标在两个 Display 中找到相同区域，点击 Ground Control Points Selection 上的【Add Point】按钮，将当前找到的点加入控制点列表。

④用同样的方法继续寻找其余的点，当选择控制点的数量达到 3 时，RMS 被自动计算。Ground Control Points Selection 上的【Predict】按钮可用，选择【Options】→【Auto Predict】，打开自动预测功能。这时在 Base Image(Spot 影像)上面定位点，Warp Image(TM 影

像)上会自动预测区域。

⑤当选择一定数量的控制点之后(至少 3 个)，可以利用自动找点功能。在 Ground Control Points Selection 上，选择【Options】→【Automatically Generate Points】，选择一个匹配波段，点击【OK】，弹出自动找点参数设置面板，在这里设置 Tie 点的数量为 25，搜索窗口大小 Search Window Size 为 81，其他选择默认参数，点击【OK】。自动定位点会显示在两个窗口中(图 2-16)。

图 2-16　**Automatically Generate Points 操作界面**

⑥点击 Ground Control Points Selection 上的【Show List】按钮，可以看到选择的所有控制列表(图 2-17)。选择 Image to Image GCP List 上的【Options】→【Order Points by Error】，按照 RMS 值由高到低排序。

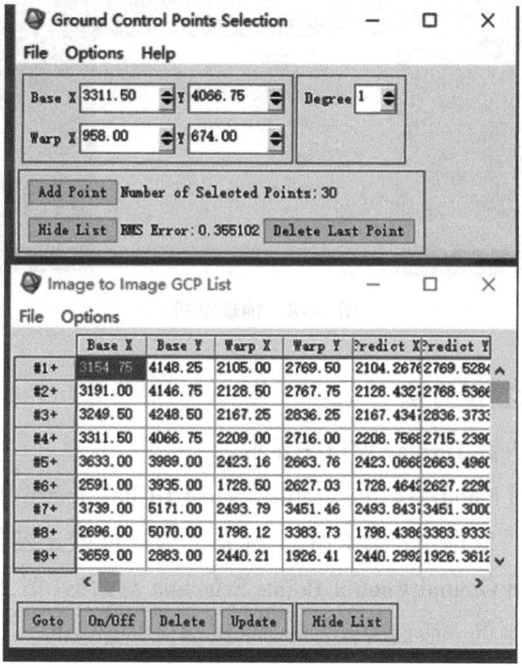

图 2-17　**Image to Image GCP List 窗口**

⑦RMS 过高的点可以直接点击【Delete】按钮删除，可以在两个影像的 Zoom 窗口上，将"十"字光标重新定位到正确的位置，点击 Image to Image GCP List 上的【Update】按钮进行微调。

⑧当总的 RMS 值满足标准时，即完成控制点的选择。点击 Ground Control Points Selection 窗口上的【File】→【Save GCPsto ASCⅡ】，将控制点保存为文本文档。

⑨输出校正影像时，在 Ground Control Points Selection 窗口上，选【Options】→【Warp File (as Image to Map)】，选择校正文件(tm 文件)，点击【OK】，选择输出路径。

⑩检验校正结果的基本方法是同时在两个窗口中打开图像，其中一幅是校正后的影像，另一幅是基准影像。在显示校正后结果的 Image 窗口中，右键选择【Geographic Link】，选择需要链接的两个窗口，打开"十"字光标进行查看(图 2-18)，通过地理链接检查同名点的叠加情况。

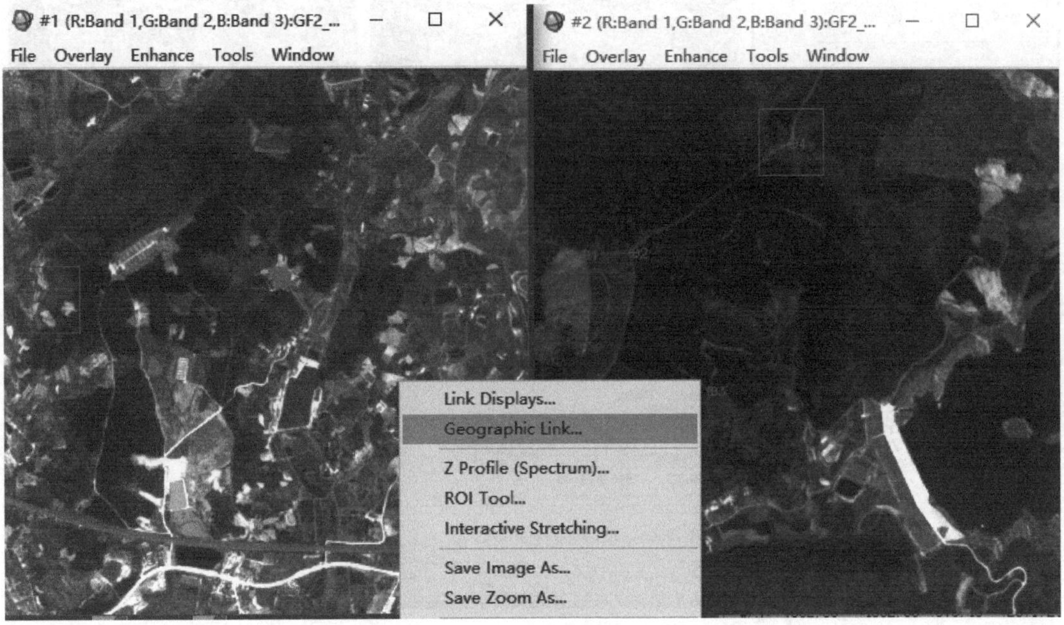

图 2-18 地理链接

2.4.2 基于控制点的校正方法

①打开图像文件，并在 Display 窗口中显示。

②在主菜单中选择【Map】→【Registration/Select GCPs：Image to Map】，弹出 Image to Map Registration 对话框，根据基准地图的坐标系，选择待校正图像的投影方式[图 2-19(a)]，点击【OK】。弹出 Ground Control Points Selection 对话框[图 2-19(b)]。

③在图像中选择控制点，后面的操作步骤同 2.4.1 中③~⑩。

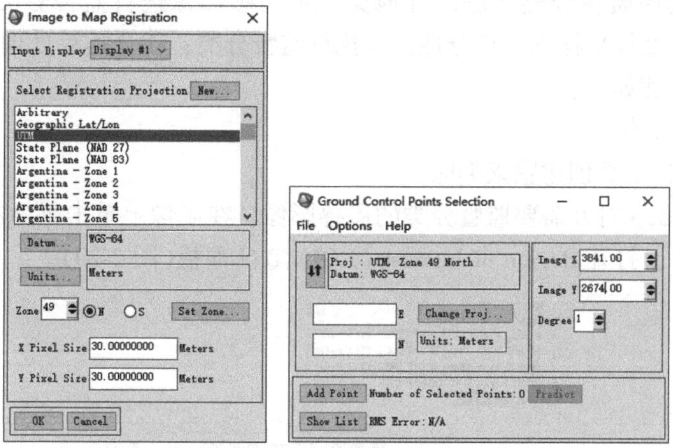

(a)选择投影方式　　　(b)添加坐标值

图 2-19　添加控制点

2.5　土地类型遥感分类

遥感影像上不同波段上的像元灰度值构成了地类的光谱特征。各种地类对电磁波的响应不同，因此，进行地类遥感分类的一个基本假设是：不同地类的光谱特征会存在明显差异，而相同类型的地类具有相似的光谱特征。通过计算机对像元的光谱特征数据进行统计、运算、对比和归纳，可将每个像元分为不同的类群，以实现地类的分类和识别。目前，主要的分类方法有监督分类和非监督分类两种。

2.5.1　非监督分类

非监督分类是在事先不明确类别特征，假定遥感影像上同类物体在同样条件下具有相同的光谱特征，主要依据像元间相似度的大小进行归类合并的方法。常用的非监督分类算法有：动态聚类法(K-均值聚类法、ISODATA 算法聚类分析、平行管道法聚类分析)，集群法和图形识别法等。

2.5.2　监督分类

监督分类指首先从遥感影像上选择有代表性的训练区作为样本，根据已知训练区提供的样本，通过选择特征参数(如像元的灰度均值、方差等)，建立判别函数，据此对样本像元进行分类，依据样本类别的特征来识别非样本像元的归属类别的方法。一般来讲，监督分类的精度比非监督分类高。监督分类的方法主要有最小距离判别法和最大似然法。

监督分类

非监督分类在整个分类过程中不受先验知识的影响，但分类所得的类别还要进行归纳分析；监督分类根据应用目的和区域，可有选择地决定分类类别，避免出现一些不必要的类别。非监督分类没有类别的先验知识很难保证分类中所有特征是被分类别最具有判断力的特征；监督分类由于图像中间类别的光谱差异，使训练样本没有很好的代表性，同时训练样本的获取和评估花费较多人力时间。

本次实验中选择监督分类方法区分地类。对遥感影像进行监督分类的主要步骤为：①勾绘分类样本；②评估样本的可分性；③执行监督分类；④分类后处理；⑤评价分类结果。具体的操作步骤如下：

(1)勾绘分类样本

应用 ROI Tools 工具创建感兴趣区。

①使用 ENVI 5.3 打开需要监督分类的遥感影像，在影像上单击鼠标右键，选择【New Region Of Interest】，打开 Region of Interest (ROI) Tool 面板(图 2-20)。

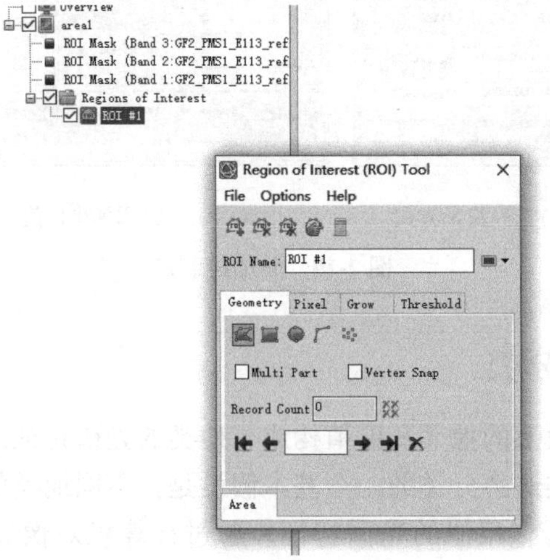

图 2-20 添加 ROI 区域

②在 Region of Interest (ROI) Tool 面板中可以修改感兴趣区名称(ROI Name)、感兴趣区颜色等，也可以根据需求绘制若干个多边形，当绘制多个感兴趣区时利用 进行删减。

③在 Region of Interest (ROI) Tool 面板中有 5 个裁剪形状，点击 按钮，即可在图像上绘制建立感兴趣区。

④一个多边形感兴趣区绘制结束后，双击鼠标左键或者单击鼠标右键，选择【Complete and Accept Polygon】，完成一个多边形样本的选择。

⑤同样方法，在图像别的区域绘制林地样本，样本应尽量均匀分布在整个图像上。

⑥在图像上单击鼠标右键选择【New ROI】，或者在 Region of Interest (ROI) Tool 面板上，选择 工具。重复③和④步骤，分别为农田、水体、建筑等绘制多边形感兴趣区，最终得到如图 2-21 所示结果。

(2)评估样本可分性

①在 ROI Tools 对话框中，选择【Options】→【Compute ROI Separability】。在弹出的文件选择对话框中选择图像文件，点击【OK】。弹出 ROI Separability Calculation 对话框，单击【Select All Items】按钮，选择所有 ROI 用于可分离性计算，点击【OK】，可分离性即可计算并显示在窗口中(图 2-22)。

图 2-21　ROI 区域选择结果

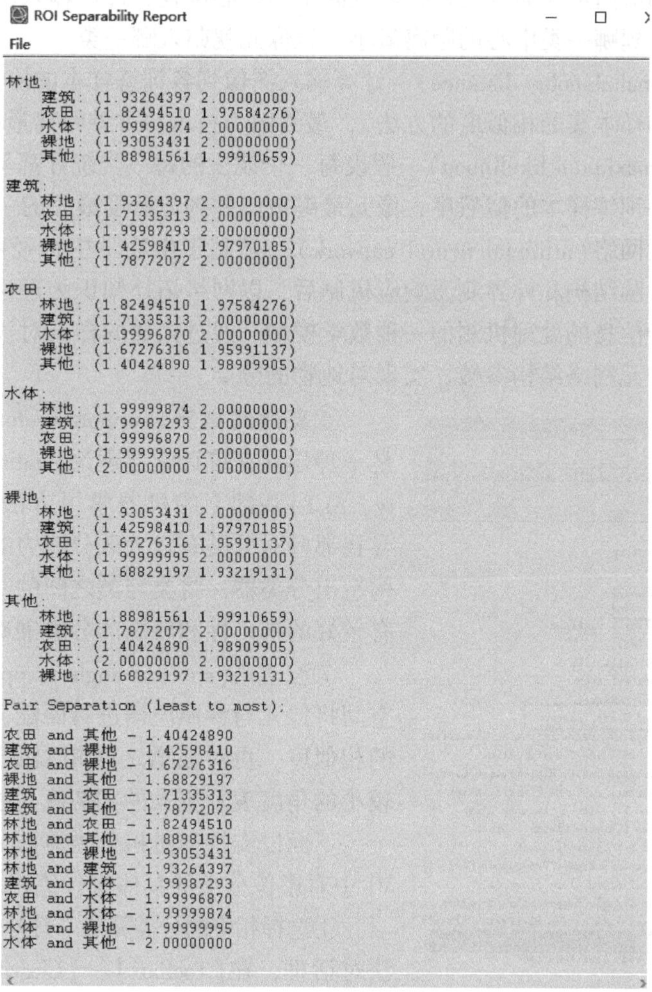

```
ROI Separability Report
File
林地:
    建筑: (1.93264397 2.00000000)
    农田: (1.82494510 1.97584276)
    水体: (1.99999874 2.00000000)
    裸地: (1.93053431 2.00000000)
    其他: (1.88981561 1.99910659)

建筑:
    林地: (1.93264397 2.00000000)
    农田: (1.71335313 2.00000000)
    水体: (1.99987293 2.00000000)
    裸地: (1.42598410 1.97970185)
    其他: (1.78772072 2.00000000)

农田:
    林地: (1.82494510 1.97584276)
    建筑: (1.71335313 2.00000000)
    水体: (1.99996870 2.00000000)
    裸地: (1.67276316 1.95991137)
    其他: (1.40424890 1.98909905)

水体:
    林地: (1.99999874 2.00000000)
    建筑: (1.99987293 2.00000000)
    农田: (1.99996870 2.00000000)
    裸地: (1.99999995 2.00000000)
    其他: (2.00000000 2.00000000)

裸地:
    林地: (1.93053431 2.00000000)
    建筑: (1.42598410 1.97970185)
    农田: (1.67276316 1.95991137)
    水体: (1.99999995 2.00000000)
    其他: (1.68829197 1.93219131)

其他:
    林地: (1.88981561 1.99910659)
    建筑: (1.78772072 2.00000000)
    农田: (1.40424890 1.98909905)
    水体: (2.00000000 2.00000000)
    裸地: (1.68829197 1.93219131)

Pair Separation (least to most):

农田 and 其他 - 1.40424890
建筑 and 裸地 - 1.42598410
农田 and 裸地 - 1.67276316
裸地 and 其他 - 1.68829197
建筑 and 农田 - 1.71335313
建筑 and 其他 - 1.78772072
林地 and 农田 - 1.82494510
林地 and 其他 - 1.88981561
林地 and 裸地 - 1.93053431
林地 and 建筑 - 1.93264397
建筑 and 水体 - 1.99987293
农田 and 水体 - 1.99996870
林地 and 水体 - 1.99999874
水体 and 裸地 - 1.99999995
水体 and 其他 - 2.00000000
```

图 2-22　分类结果评估

②用 Jeffries-Matusita 和 Transformed Divergence 参数表示各个样本类型之间的可分离性，这两个参数的值在 0~2.0，>1.9 说明样本之间可分离性好，属于合格样本；<1.8，需要编辑样本或者重新选择样本；<1，则需考虑将两类样本合成一类样本。

③在图层管理器中，选择【Region of Interest】，单击鼠标右键，选中【Save As】，保存为“.xml”格式的样本文件。

(3)执行监督分类

根据分类的复杂度、精度需求等选择一种分类算法。目前，ENVI 的监督分类的分类算法具体包括平行六面体、最小距离、马氏距离、最大似然、人工神经元网络、支持向量机、波谱角等。下面将介绍几种常见的分类算法。

①平行六面体(parallelepiped)　根据训练样本的亮度值形成一个 N 维的平行六面体数据空间，其他像元的光谱值如果落在平行六面体任何一个训练样本所对应的区域，就被划分其对应的类别中。

②最小距离(minimum distance)　利用训练样本数据计算出每一类的均值向量和标准差向量，然后以均值向量作为该类在特征空间中的中心位置，计算输入图像中每个像元到各类中心的距离，到哪一类中心的距离最小，该像元就归入哪一类。

③马氏距离(mahalanobis distance)　计算输入图像到各训练样本的协方差距离(一种有效的计算两个未知样本集的相似度的方法)，最终归为技术协方差距离最小的类别。

④最大似然(maximum likelihood)　假设每一个波段的每一类统计都呈正态分布，计算给定像元属于某一训练样本的似然度，像元最终被归并到似然度最大的一类当中。

⑤人工神经元网络(artificial neural network)　是基于生物学中神经网络的基本原理，在理解和抽象了人脑结构和外界刺激响应机制后，以网络拓扑知识为理论基础，模拟人脑的神经系统对复杂信息的处理机制的一种数学模型。通过大量的样本对该模型训练的基础上，获取一组神经元网络结构参数，实现对地物的分类。

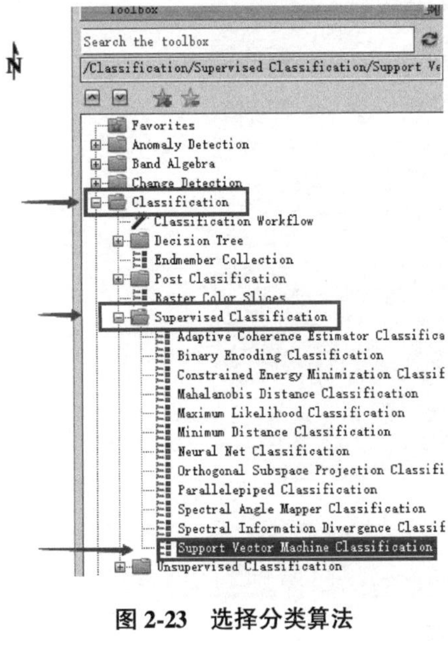

图 2-23　选择分类算法

⑥支持向量机(support vector machine，SVM)是一种建立在统计学习理论(statistical learning theory，SLT)基础上的机器学习方法。SVM 可以自动寻找那些对分类有较大区分能力的支持向量，由此构造出分类器，将类与类之间的间隔最大化，因而有较好的推广性和较高的分类准确率。

⑦波谱角(spectral angle mapper)　它是在 N 维空间将像元与参照波谱进行匹配，通过计算波谱间的相似度，再对波谱之间相似度进行角度的对比，较小的角度表示更大的相似度，进而分类。

下面以支持向量机分类算法为例，讲解在 ENVI 中对影像分类的具体操作流程。

①选择相应的分类算法　打开支持向量机分类算法对话框，在【Toolbox】→【Classification】→【Supervised Classification】能找到相应的分类算法(图 2-23)。

②设置训练样本以及 SVM 算法参数　首先，在步骤①中出现的对话框中，选择待分类影像，点击【OK】；其次，按照软件界面提示，选择勾绘的分类样本，并设置分类算法的参数(图 2-24)；最后，设置输出分类结果的路径(注：根据样本数据的不同，需要自行调整参数，以提高分类的精度)。

③查看监督分类结果　根据步骤②的结果输出路径，在 ENVI 中打开分类结果(图 2-25)。

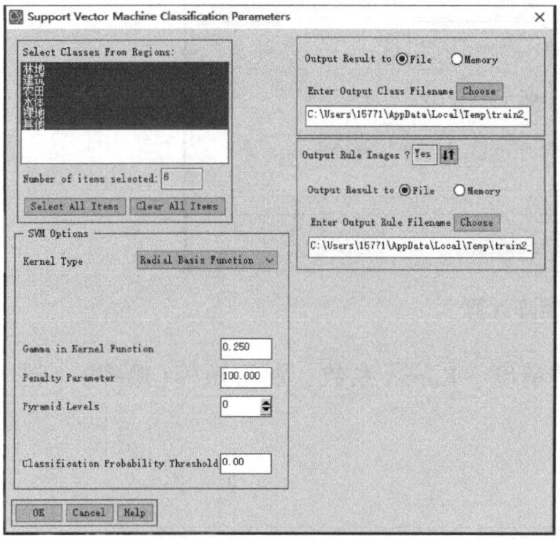

图 2-24　设置分类算法的参数

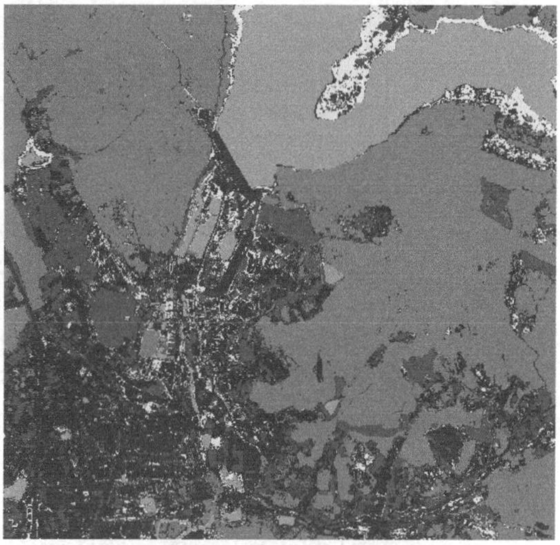

图 2-25　显示分类结果

(4)分类后处理

分类的结果中存在着因错分或漏分而产生的孤立、破碎的单个或多个像素点，因此必须进行后处理，即在 ENVI 中【Classification】→【Post Classification】中选择【Majority/Minority Analysis】分析(图 2-26)，对分类后的数据进行后处理来消除孤立、破碎的单个或多个像素点。

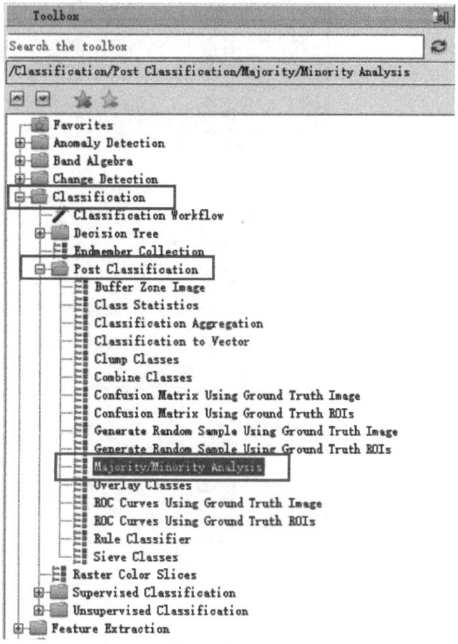

图 2-26　分类后处理

(5)分类结果评价

ENVI 提供了多种评价方法，包括分类结果叠加、混淆矩阵和 ROC 曲线。这里以混淆矩阵为例介绍具体操作步骤：

①在主菜单中，选择【Classifications】→【Post Classification】→【Confusion Matrix】→【Using Ground Truth Image】。

②在 Classification Input File 对话框中，选择分类结果，在 Ground Truth Input File 对话框中，选择地表真实图像。

③在 Match Classes Parameters 对话框中，选择所要匹配的名称，再点击【Add Combination】按钮，把地表真实图像中的类别与最终分类结果相匹配；点击【OK】，输出混淆矩阵；点击【OK】，在弹出的 Confusion Matrix Parameters 对话框中，设置如下，选择输出路径及文件名，点击【OK】(图 2-27)。

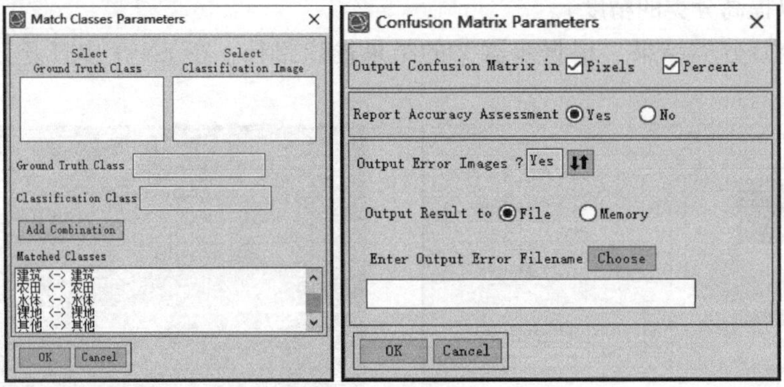

图 2-27　混淆矩阵计算

④输出混淆矩阵结果，其中包含了总体分类精度、Kappa 系数、混淆矩阵(概率)、错分误差、漏分误差等几项评价指标(图 2-28)。

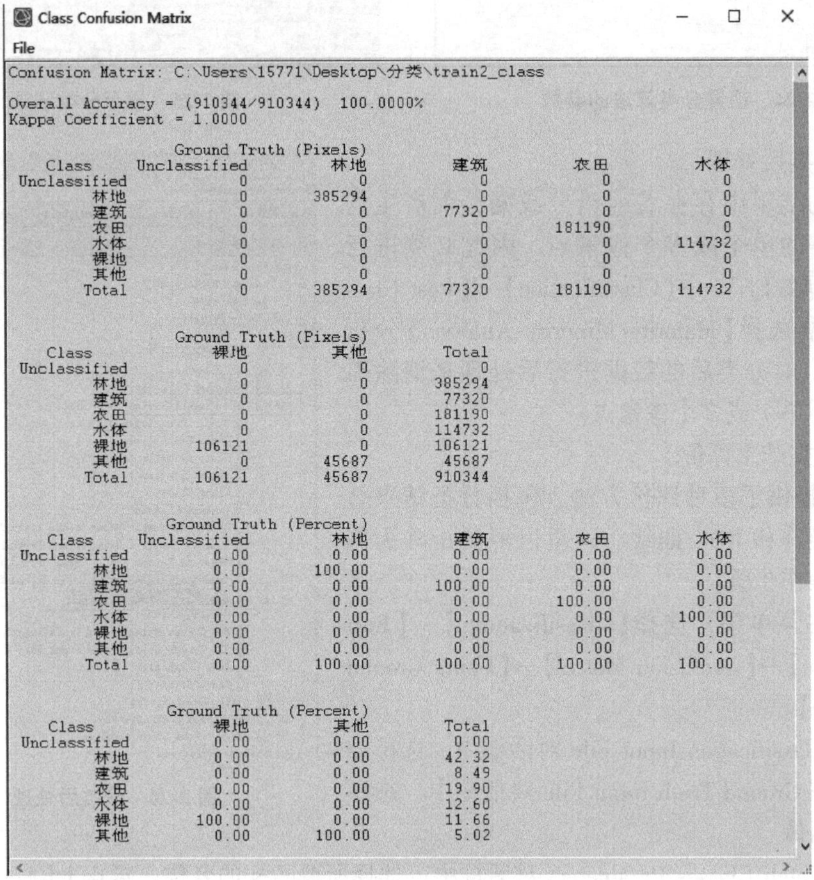

Confusion Matrix: C:\Users\15771\Desktop\分类\train2_class

Overall Accuracy = (910344/910344)　100.0000%
Kappa Coefficient = 1.0000

Ground Truth (Pixels)

Class	Unclassified	林地	建筑	农田	水体
Unclassified	0	0	0	0	0
林地	0	385294	0	0	0
建筑	0	0	77320	0	0
农田	0	0	0	181190	0
水体	0	0	0	0	114732
裸地	0	0	0	0	0
其他	0	0	0	0	0
Total	0	385294	77320	181190	114732

Ground Truth (Pixels)

Class	裸地	其他	Total
Unclassified	0	0	0
林地	0	0	385294
建筑	0	0	77320
农田	0	0	181190
水体	0	0	114732
裸地	106121	0	106121
其他	0	45687	45687
Total	106121	45687	910344

Ground Truth (Percent)

Class	Unclassified	林地	建筑	农田	水体
Unclassified	0.00	0.00	0.00	0.00	0.00
林地	0.00	100.00	0.00	0.00	0.00
建筑	0.00	0.00	100.00	0.00	0.00
农田	0.00	0.00	0.00	100.00	0.00
水体	0.00	0.00	0.00	0.00	100.00
裸地	0.00	0.00	0.00	0.00	0.00
其他	0.00	0.00	0.00	0.00	0.00
Total	0.00	100.00	100.00	100.00	100.00

Ground Truth (Percent)

Class	裸地	其他	Total
Unclassified	0.00	0.00	0.00
林地	0.00	0.00	42.32
建筑	0.00	0.00	8.49
农田	0.00	0.00	19.90
水体	0.00	0.00	12.60
裸地	100.00	0.00	11.66
其他	0.00	100.00	5.02

图 2-28　混淆矩阵结果

2.6　提交实习成果

完成实验任务后，需提交的成果包括：①基于遥感影像的土地覆盖分类图，在 ArcGIS 中按照专题地图制作的方法完成；②统计各种土地利用类型的面积并制成表格。具体的表格形式见表 2-4。

表 2-4　土地类型面积统计表　　hm^2

地类类别	一级	面积	地类类别	一级	面积
林地	乔木林地		非林地	耕地	
	灌木林地			牧草地	
	竹林地			水域	
	疏林地			其他土地	
	未成林造林地			建设用地	
	苗圃地				
	迹地				

第3章　立地类型划分及小班区划

立地类型划分是造林规划设计的前提。立地传统意义上是指一个地方的环境总体，即那些与林木生长发育有关的所有因子的总和。狭义的立地分类是把生态学上相近的立地进行组合，组合成的单位称为立地条件类型，简称立地类型。立地类型是土壤养分和水分条件相似地段的总称；广义的立地分类包括对立地分类系统中各分类单位进行的区划和归类。一般意义的立地分类，多指狭义分类，即在土地利用类型分类的基础上，根据森林特征结合高分辨率遥感影像及野外踏查数据，对林地区域区划立地类型和小班，建立基本的立地类型和小班类型。

小班是为了便于调查规划和因地制宜开展各种经营活动，根据经营要求和林学特征，在林班的基础上再划出的不同地段(林地或非林地等)。划出的小班内部具有相同的林学特征，因此同一小班的经营目的和经营措施是相同的，它是林场内最基本的经营单位，也是森林资源清查、统计计算和管理的最基本单位。小班划分应尽量以明显的地形地物界线为界，兼顾资源调查和经营管理的需求。

本章主要介绍立地类型划分和小班区划的基本原则以及具体的操作步骤，如果已经获得林场的立地类型分布图和小班分布图，可不再做立地类型划分和小班区划。

3.1　立地类型划分

3.1.1　确定立地条件类型划分的主导因子

主导因子是立地分类的主要依据，其中以气候、地形和土壤等为基础的综合多因子分类方法，是立地分类最有效的经典方法。因此，在划分立地类型时，需要依据造林地或林地的野外调查结果，分析与确定立地条件类型划分的主导因子。确定的主导因子可以为一至多个。若为多个主导因子，则要形成一个立地条件类型体系。主导因子的排列顺序应当遵循其影响范围从大到小的原则。

3.1.2　立地类型划分依据

常见的立地因子及等级划分包括以下几个：

(1)气候

气候只在较大的造林区域内划分立地条件类型时才应用，如全国或面积较大省(直辖市、自治区)的杉木立地类型划分。在较小且海拔差异不太大的造林区域内不常应用气候因子，如同一县内的立地类型划分。

(2)太阳辐射与气温

不同的立地日照时数与太阳常数不同，由此转化的气温也不同。一般可用平均气温、1月与7月平均气温、极端气温、>10 ℃生物有效积温来表述差异。依据地面获得热量后转化的气温，可将立地条件类型划分为热带、亚热带、暖温带和寒温带。

(3)降水

降水包括年降水量、各月份降水量、降水强度及频率等。

(4)灾害性天气

灾害性天气包括风害、雪害和雷电等。

(5)土壤

①腐殖质层厚度(A 层)　依厚度分为 3 个等级：薄腐殖质层<10 cm、中腐殖质层 10~20 cm、厚腐殖质层>20 cm。

②土层厚度(A+B)　分为 3 个等级：薄土层<40 cm、中土层 40~80 cm、厚土层>80 cm。

③石砾含量　依石砾含量分为：轻石质<40%、中石质 40%~60%、多石质>60%。

④土壤类型　根据中国土壤分类系统，记载到土类，代码见表 3-1。

表 3-1　土壤名称代码表

土壤类型	代码	土壤类型	代码
红壤	103	紫色土	168
黄壤	104	石灰(岩)土	166
黄棕壤	111	潮土	182
棕壤	113	山地草甸土	185
暗棕壤	114	沼泽土	191

⑤土壤质地

a. 砂土：松散，湿时不成团，捏时砂性感强，有沙沙声。

b. 砂壤土：易散，捏时有砂性感，湿时能成团但不成条，有轻微沙沙声。

c. 壤土：湿捏无沙沙声，微有砂性感，揉成条易断。

d. 黏土：面粉感觉，可搓成条或压成土片，有裂痕。

e. 重黏土：黏性、韧性强。手捏时光滑，可塑性强，可压成大片，无断裂。

⑥土壤 pH 值和碳酸盐反应　依 pH 值分为：酸性土 pH<5.5、微酸性土 pH 5.5~6.5、中性土 pH 6.5~7.5、微碱性土 pH 7.5~8.5、碱性土 pH >8.5。碳酸盐反应可用 10%稀盐酸测定，依声音、气泡有无和反应强弱分为无石灰、石灰中等含量和石灰高含量。

(6)母岩

①冲积土壤　在地质历史时期，冲积形成的冲积土壤。

②第四纪网纹红壤　在地质历史时期形成的古代土壤。

③下蜀黄土　在地质历史时期形成的古代土壤。

④酸性岩类　包括花岗岩、片麻岩、流纹岩等。

⑤碱性岩类　包括石灰岩、白云岩等。

⑥泥质岩类　包括板岩、页岩、千枚岩等。

⑦砂岩类　包括泥质砂岩、铁质砂岩、硅质砂岩等。

(7)水文状况

①地下水位　划分为 4 个级别：>80cm、80~60 cm、60~20 cm、<20 cm。

②地下水的矿化度　划分为 3 个级别：<0.01%、0.01%~0.05%、>0.05%。

(8)地形条件

①海拔　高山海拔>3 500 m、中山海拔 1 000~3 500 m、低山海拔 1 000~2 000 m、丘陵海拔 200~500 m、平原 200 m 以下。丘陵指相对高度一般不超过 200 m，高低起伏，坡度较缓，由连绵不断的低矮山丘组成的地形；平原地貌宽广平坦，主要分布在大江大河两岸和濒临海洋地区。

②坡度　林业上一般将坡度划分为平坡<5°、缓坡 6°~15°、斜坡 15°~25°、陡坡 25°~35°、急坡 36°~45°与险坡>46°(附表 3)。

③坡向　分为东坡、西坡、南坡、北坡、东南坡、东北坡、西南坡、西北坡等，或阴坡、阳坡、半阴坡、半阳坡(附表 4)。

④坡位　林业上一般将坡位划分为山顶(山脊)、上坡、中坡、下坡及山凹。

⑤坡形　林业上一般将坡形划分为凹坡与凸坡。

在较大的区域内，首先要考虑气候、地貌对林木生长发育的影响，而在较小的区域内，主要考虑地形、土壤、水文、生物等因子。对于人工林栽培，还要考虑最热月气温、最冷月气温和低温平均值等辅助指标。

3.2　林班区划原则

林班原则上采用自然区划，林班界应尽可能利用山脊、沟谷、河流、道路等明显地形地貌，而地形平坦或地物点不明显的地区，需根据林地的经营现状和目的采用人工区划。

林班区划时，林班面积一般为 100~300 hm^2，林班界应尽量利用明显的地形地物标志进行区划，如河流、道路、铁路、山脊线等。

由于林班划分早在中华人民共和国成立初期都已经完成，至今沿用，而且不能改变，本次实验中不再单独进行林班划分。

3.3　小班的划分

小班区划有 3 种方法，即用航空像片或卫星像片判读勾绘、用地形图现地勾绘和用罗盘仪实测。不论采用何种方法划分小班，均应到现地核对，对不合理的界线进行修正。在有条件的地区，应尽量利用明显的地形、地物等自然界线作为小班线或在小班线上设立明显标志，使小班位置固定下来，以便统一编码管理。小班面积一般为 1~20 hm^2，珍贵树种小班面积可以划分至 0.5 hm^2，特殊情况下小班面积也可以达到几十甚至上百公顷。

小班区划的基本原则是每个小班内部的自然特征基本相同并与相邻小班又有显著的差别。这些差别表现在调查因子上。也就是说，调查因子的显著差别是区划小班的依据。

划分小班的条件具体包括权属、林地分类、林种、林分起源、龄级(组)、优势树种或优势树种组、郁闭度(疏密度)、立地类型或林型、地位指数(级)或地位级、坡度级、坡向、坡位、出材率等级等。

(1)权属

小班的权属需考虑土地权属和林木权属。凡土地权属、林木权属不同，均应划分为不同小班。土地权属分为国有和集体，林木权属分国有、集体、个人和其他(合资、合作、合股、联营等)。

(2)林地分类

我国林地类别划分采用以林地覆盖类型分类为主、利用状况划分类为辅，并尽量与已有林地分类兼顾、衔接的原则。按照《林地分类》(LY/T 1812—2021)，林地分为两级。其中一级分为 7 类，包括乔木林地、竹林地、疏林地、灌木林地、未成林造林地、迹地、苗圃地。灌木林地又分为特殊灌木林、一般灌木林两个二级地类；未成林造林地又分为未成林人工造林地、未成林封育地两个二级地类；迹地又分采伐迹地、火烧迹地、其他迹地 3 个二级地类。不同的林地类别不能划分为一个小班。

(3)林种

根据《森林资源规划设计调查技术规程》(GB/T 26424—2010)，我国按主导功能的不同把森林划分为公益林和商品林两大类，公益林包括防护林和特种用途林；商品林包括用材林、经济林和能源林(表 3-2)。不同林种不能划分为一个小班。

表 3-2　林种划分类型

森林类别	林种	亚林种
公益林	防护林	水源涵养林 水土保持林 防风固沙林 农田牧场防护林 护岸林 护路林 其他防护林
	特种用途林	国防林 实验林 母树林 环境保护林 风景林 名胜古迹和革命纪念林 自然保护区林
商品林	用材林	短轮伐期工业原料用材林 速生丰产用材林 一般用材林
	经济林	果树林 食用原料林 林化工业原料林 药用林 其他经济林
	能源林	能源林

(4)林分起源

根据林分生成方式，分天然林、人工林和飞播林3类。天然林可分天然下种和萌生形成的森林；人工林可分人工播种、植苗和扦插造林形成的森林；飞播林可分飞机播种和人工撒播形成的森林。不同起源不能划在一个小班内。

(5)龄级(组)

林分间Ⅵ龄级以下相差1个龄级，Ⅶ龄级以上相差两个龄级以上的，可划出不同小班。如按龄组划分小班，则分为幼(龄)、中(龄)、近(熟)、成(熟)和过(熟)5个龄组，有时也分为幼龄、壮龄(包括中龄、近熟)、成熟龄(包括过熟)3个龄组(附表5、附表6)。

(6)优势树种或优势树种组

树种调查应记载树种的种名。按林分之间的优势树种或优势树种组相差2成(25%)来划出不同的小班。若为纯林，则优势树种应占7成(65%)以上。个别珍贵树种，如东北的红松林，如占4成(35%)就可划出小班。树种很多分不清优势树种时，可将几个树种合并为树种组记载。南方优势树种较多，必要时可按树种组划分小班。

(7)郁闭度(疏密度)

在有林地内林分间的郁闭度相差0.2以上时，可划出小班。在利用航摄像片抽样调查中，有时用3级划分：疏(0.1~0.3)、中(0.4~0.6)、密(0.7以上)。

(8)立地类型或林型

立地类型或林型不同，可划分小班。立地类型主要根据地形、土壤、植被等确定。

(9)地位指数(级)或地位级

地位指数(级)或地位级相差1级即可划分小班。

(10)坡度级

坡度级分6级，相差1级即可划分出小班。Ⅰ级为平坡0°~5°，Ⅱ级为缓坡6°~15°，Ⅲ级为斜坡16°~25°，Ⅳ级为陡坡26°~35°，Ⅴ级为急坡36°~45°，Ⅵ级为险坡46°以上。

(11)坡向

坡向分东、南、西、北、东北、东南、西北、西南、无坡向9个方向。

(12)坡位

坡位分脊、上、中、下、谷、平地6个坡位。

(13)出材率等级

在用材林中的近、成、过熟林，如出材率等级相差1级时，可划分为小班。根据用材出材率百分比或经济用材占总出材量的百分比确定出材率等级，出材率等级分3级(表3-3)。

表3-3 出材率等级划分标准 %

出材率等级	用材出材率		经济用材占总出材量的百分比	
	针叶树	阔叶树	针叶树	阔叶树
1	71以上	51以上	91以上	71以上
2	51~70	31~50	71~90	46~70
3	50以下	30以下	70以下	45以下

3.4　小班判读步骤

本次实习中，采用目视解译区划小班。工作底图为 1∶10 000 地形图和高分辨率遥感图。可基于遥感影像图结合实地踏查结果，利用 ArcGIS 软件勾绘边界。基于高分辨率遥感影像图的林班及小班具体判断步骤如下：

①根据影像图和地形图选设踏查线路　在调查区内，选择 3~5 条能覆盖区域内所有地类和树种(组)、有代表性的踏查线路。

②线路踏查　利用全球定位系统(GPS)等工具，在每条样地上选择若干不同立地条件和林分状况的样地，根据遥感影像，判断典型的地物特征。

③室内分析　依据野外踏查确定的影像和地物间的对应关系，建立地物间的遥感影像判读因子。

④影像判读解译　根据遥感影像成像时间，全面分析图像要素，建立各地类的判读标志，准确区分判读类型。遥感判读的主要土地类型划分见表 2-3。

⑤判读复核　目视判读采取一人区划、判读，另一人复核判读方式进行。两人的判读应基本一致，对不一致的区域需要进一步调查核实。

⑥实地验证　当室内判读完成后，采用典型抽样的方法对部分区域进行验证。

3.5　小班判读中实地调查数据与地图数据叠加

将实地调查的 GPS 坐标，实地调查路线与现有的数据叠加，可方便地进行地表信息判读。

3.5.1　航迹数据

利用手持 GPS 采集的航迹数据可以直接导出时存储为 shapefile 文件，在 ArcGIS 中可以直接加载。

3.5.2　GPS 点数据导入

采集的离散点数据，也可以直接存储成 shapefile 文件，在 ArcGIS 中加载。如果点数据不方便转成 shapefile 文件，需要先将点坐标输入 Excel 表中，然后利用 ArcGIS 的 GPS 点加载的功能导入数据。具体步骤如下：

GPS 数据导入

(1)数据准备

先把点坐标信息(一般是经纬度)标准化，就是将原本的度分秒转换为度来表示；将数据导入 Excel 里面，至少两列 X 和 Y(列名可以随便取，但必须有列名)，下面对应 x、y 坐标数据即可，命名为“plot. xls”；在 Excel 中将处坐标信息外的属性数据整理成表格数据，和点坐标的 id 号相对应，存成“dd1. csv”格式。

(2)在 ArcGIS 中导入“plot. xls”

通过选择【文件】→【添加数据】→【添加 X、Y 数据】，导入注意修改投影信息。

(3)数据导出为“. shp”图像数据

在临时事件文件上单击鼠标右键，选择数据，导出数据命名为“plot. shp”。

(4)连接表

添加属性列表之前先看一下表中只有 id、x、y 3 列，然后给表添加连接，导入属性文件“dd1. csv”，在“plot. shp”文件中单击鼠标右键，选择【连接和关联】→【连接】，选择“dd1. csv”和“plot. shp”属性表共同的 id，连接此图层的表选择“dd1. csv”。

3.6 小班勾绘及面积统计

按照立地、小班判读情况，对实验区森林区域类型进行划分，在 ArcGIS 软件中采用手动勾绘的方式，建立立地类型和小班边界。

3.6.1 矢量小班边界生成

在勾绘小班边界时需要底图影像数据，因此，需要在 ArcMap 中加载带有坐标信息的底图数据。另外，小班边界为矢量数据格式，在本次实习中，均采用 shapefile 文件格式存储小班边界。具体的小班边界生成过程如下。

3.6.1.1 矢量小班边界勾绘

(1)新建小班边界文件

在 ArcMap 工具栏中点击【ArcCatalog】按钮，在出现的 ArcCatalog 界面左侧，选择数据保存的文件夹。然后点击文件菜单下的【New】→【Shapefile】菜单。开始创建 shapefile 文件，用于存储小班边界数据。

边界勾绘

(2)设置小班边界文件数据类型

在步骤(1)弹出的对话框中，设置数据文件名称和数据类型。注意，在 shapefile 文件中只能设置一种数据类型，即点、线、面类型中的一种，本次实验由于需要勾绘边界，直接选择【Polygon】类型。

(3)加载小班文件到 ArcMap 中，并打开矢量数据编辑工具

在 ArcMap 中，加载上一步中新建的 Polygon 数据，同时打开矢量数据编辑器工具条。打开矢量编辑工具需要在 ArcMap 的工具栏中，单击鼠标右键，选择编辑器工具条(注意：以下的步骤主要在编辑器工具条中完成，如无特殊说明，均指在编辑器工具条中的工具)。

(4)创建小班

在矢量数据编辑器工具条中，点击编辑器中的【开始编辑】按钮，选择需要编辑的 Polygon 数据；再在 Create Features 面板中，选择【New_ Shapefile】；最后，在 Construction Tools 中，选择【Polygon】，就可以直接在底图上勾绘边界。当勾绘完成后，鼠标双击即可闭合多边形。

(5)利用可以选中不同的多边形数据

如果同时按住 Shift 键，可以选择多个多边形数据，当多边形数据中的某些点需要调整时，选择编辑器工具条中的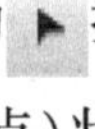按钮，在数据中双击，多边形的每一个点数据即处于可编辑(红色点表示当前可边界点)状态，可以移动每一个点(也可以直接点击编辑器工具条中的按钮，直接编辑选中的多边形)。

(6)拆分、裁剪和合并多边形

当需要将一个已经画好的小班分成两个小班时，可以选择工具，即可将选中的多边形数据分割成两个；当需要将小班某一部分裁剪掉时，可以选择工具，在选中的多边形数据中画出需要裁剪的部分，即可自动裁剪掉；当需要合并相邻的两个小班时，首先利用工具，选择相邻的两个小班，其次在编辑器工具菜单下选择合并工具，确定主特征，选中的相邻的两个小班会自动合并。

3.6.1.2 小班边界拓扑检查

当完成实验区的小班勾绘后，需要检查相邻小班之间是否有重叠、缝隙等，这需要用到拓扑检查的功能。具体的拓扑检查步骤如下：

①启动 ArcCatllog，选择一个本地目录，创建个人 Personal GeoDatabase。

建立拓扑

②选择刚才创建的 GeoDatabase，单击鼠标右键选择【新建】→【数据集 Database】，设置坐标系统，可选择与进行拓扑检查的数据相同的坐标系统。

③选择创建的数据集，单击鼠标右键选择【导入要素类】，导入需要进行拓扑分析的数据。

拓扑检查

④选择创建的数据集，单击鼠标右键选择【新建】→【拓扑】，创建拓扑，根据提示创建拓扑，添加拓扑处理规则，进行拓扑分析。

⑤在 ArcMap 中打开拓扑规则产生的文件，利用拓扑工具条中错误记录信息进行修改，注意需要拓扑检查的文件处于编辑状态。

⑥点击拓扑工具条中的错误检查器，在错误检查器对话框中显示所有的拓扑错误，利用修复拓扑错误工具进行拓扑错误修改。

3.6.2 统计小班面积

可在小班的属性表中，直接计算面积。需要注意的是，在计算面积之前，需明确地图数据的坐标单位。

①加载需要计算面积的多边形小班数据。

②打开矢量小班对应的属性表，在小班图层上面单击鼠标右键，选择打开属性表；属性表里添加字段，字段名称命名为 area，类型选择浮点型。

③选中 area 列，单击鼠标右键，选择计算几何，自动计算面积，注意选择合理的坐标系。

面积统计

3.7 提交实习成果

①立地类型划分专题图。

②林班界限专题图。

③小班专题图。

④提交区划的小班数据库。

第4章　森林资源调查

森林资源调查的目的是掌握森林资源基础数据。根据我国现有的森林资源调查和监测体系，森林资源调查可划分为3个层次：森林资源连续清查(简称一类清查)，森林资源规划设计调查(又称森林经理调查，简称二类调查)，作业设计调查或专项调查(又称作业调查，简称三类调查)。

森林资源连续清查是以掌握宏观森林资源现状与动态为目的，以省(自治区、直辖市)为单位，采用抽样调查技术方法，以固定样地为主进行定期调查的森林资源调查方法，是全国森林资源与生态状况综合监测体系的重要组成部分，自“十四五”以后，国家每年抽取1/5林地调查，5年完成一个周期调查。

森林资源规划设计调查是以森林经营管理单位或县级行政区域为调查总体，查清森林、林木和林地资源的种类、分布、数量和质量，客观反映调查区域森林经营管理状况，为编制森林经营方案、开展林业区划规划、指导森林经营管理等需要进行的调查活动。

作业设计调查是针对专项任务进行的调查，包括采伐设计调查、造林调查、抚育采伐调查等。

本次综合实习，在完成土地覆盖及林班、小班区划的基础上，综合一类清查中抽样调查与二类调查中普查的思路，完成实验区森林样本点数据调查与整理、小班因子数据调查与整理，最终为森林资源本底评价提供基础数据。具体的实验步骤包括：①抽样样本选取；②样地数据调查与整理；③小班因子数据调查与整理。

4.1　抽样方法

4.1.1　国家一类清查抽样方法

森林资源连续清查要求以省(自治区、直辖市)为总体进行调查。当森林资源分布及地形条件差异较大时，为提高抽样调查效率，可在一个省内划分若干个副总体，但所划分的副总体要保持相对稳定。以国家森林资源连续清查湖北省第七次复查为例：

①以全省为调查总体，复查范围为湖北省所有陆地和水域，总面积18.59×10^4 km^2。

②确定固定样地大小和数量　按公里网间距4 km×8 km，布设面积0.066 7 hm^2的5 820个固定样地。

③对样地进行系统抽样　按20 km×20 km间隔，在全省5 820个固定样地中系统抽取463个样地，进行树种调查和植被调查(附表7)等专项生态状况调查。

④总体抽样精度要求

a. 森林资源现状抽样精度：森林面积精度95%以上；人工林面积精度90%以上；活立木总蓄积量精度90%以上。

b. 活立木蓄积量消长动态精度：林木总生长量精度85%以上；林木总消耗量精度

80%以上；活立木蓄积净增量，做出增减方向性判断。

4.1.2　二调小班蓄积量统计样本抽样

小班调查内容、项目可根据需要和实际情况而定，一般调查重点是蓄积量。在二类调查时一般采用抽样控制总体法，其优点是在分别进行小班调查的同时，又以全场或营林区为总体结合进行抽样调查，以取得总体蓄积量的一定可靠性精度，而后与小班汇总资源对比，如发现误差过大时，再对小班蓄积量进行修正。

(1)森林蓄积量抽样调查以县级行政单位为总体

国有林场、自然保护区及其他独立调查的森林经营单位纳入所在县级行政单位一并抽样估算。

(2)对小班蓄积量进行系统抽样，估算样本单元和样地间距

样本单元估算公式：

$$N_0 = \frac{T^2 C^2}{E^2} \tag{4-1}$$

式中，N_0 为样本单元数；T 为可靠性指标，取 1.96；C 为总体蓄积量变动系数；E 为抽样允许误差限(其中山区允许误差限 15%，平原湖区允许误差限 20%)。

变动系数值估计：

$$C = \frac{\sigma_{n-1}}{\overline{X}} \tag{4-2}$$

式中，σ_{n-1} 为近两个年度林地变更数据库所有小班公顷蓄积量总体标准偏差，用 Excel 表格函数(STDEV)求算；$\overline{X}$ 为近两个年度林地变更数据库所有小班公顷蓄积量(非林地小班公顷蓄积量按 0 对待)平均值。

为保险起见，增加 10%的保险系数。样本单元数 $N=N_0 \times 1.1$ 。

样地间距估算：

$$L = \sqrt{\frac{A}{N}} \tag{4-3}$$

式中，A 为全县总面积；N 为样点个数；L 为样地纵横间距参考值，精确到整数。

(3)对样地布设编号，系统抽取样地

以 2000 国家大地坐标系(CGCS2000)为基准，全县最西北的第一个公里网格交叉点为抽样点起点，依次从上到下、从左到右布设样点。全县以固定的点间距布设调查样点，统一使用软件布设。根据样地间距抽取样本。

4.1.3　实习区林场小班抽样调查

本次实验根据林场的森林资源现状，主要完成抽样调查的具体流程。首先，根据每个组调查范围确定总的样本数量，然后采用机械抽样或随机抽样的方式，针对每个小班抽取一定数量的样本。这里主要介绍机械抽样的过程，具体的操作步骤如下：

抽样调查

(1)确定总体的范围，划分样本单元，计算总体样本数

以 400 m^2 作为样地大小(采用圆形样地，半径 11.28 m)，根据区域总面积计算总体的样本数(需要剔除非林地的面积)。

(2)采用分层抽样，对总体分层，确定每层比例(或权重)

可根据森林的类型或优势种类型来对总体进行分层，一般分 3~4 层，计算每一层的面积比例，作为权重。

(3)确定总体抽样样本数

具体的确定方法如下：

$$n=\left(\frac{tC}{E}\right)^2 \tag{4-4}$$

式中，n 为抽样样本数量；C 为总体样本的变异系数，需要根据先前调查数据确定，假设取 0.2；E 为估算的相对误差，假设取 15%；t 为可靠性指标，95%的可靠性水平下，取 2。则 n 为 7。为保证精度，一般会增加 10%的样本，即抽样样本数量为 7×(1+10%)= 8(个)。

(4)计算各层抽样样本数

根据(2)中确定每层比例，乘以总的样本数量，得到各层的抽样样本数量。

(5)随机抽样和机械抽样

在 ArcGIS 中生成格网，随机或机械的选取样本的位置，记录 GPS 坐标。这里主要介绍机械抽样的方法，在 ArcGIS 中，可以利用 Fishnet 生成坐标格网，具体的工具路径和界面如图 4-1 所示。

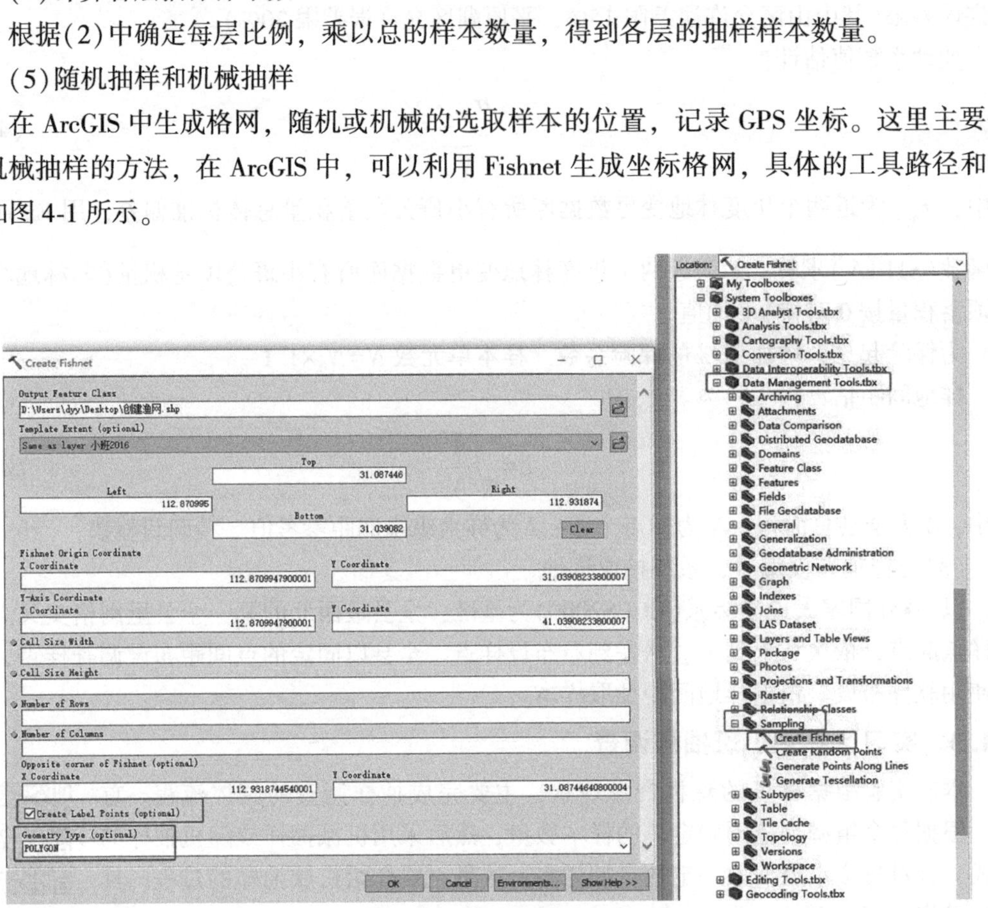

图 4-1　抽样格网制作方法

4.2　小班因子及样地调查

4.2.1　一类清查抽样调查因子

根据我国森林资源调查的要求，主要的样地调查因子见表 4-1。

表 4-1　样地调查因子

序号	因子名称	序号	因子名称	序号	因子名称
1	样地号	22	腐殖质厚度	43	产期
2	样地类别	23	枯枝落叶厚度	44	平均胸径
3	纵坐标	24	植被类型	45	平均树高
4	横坐标	25	灌木覆盖度	46	郁闭度
5	GPS 纵坐标	26	灌木平均高	47	森林群落结构
6	GPS 横坐标	27	草本覆盖度	48	林层结构
7	县(局)代码	28	草本平均高	49	树种结构
8	地貌	29	植被总覆盖度	50	自然度
9	海拔	30	地类	51	可及度
10	坡向	31	土地权属	52	森林灾害类型
11	坡位	32	林木权属	53	森林灾害等级
12	坡度	33	森林类别	54	森林健康等级
13	地表形态	34	公益林事权等级	55	四旁树株数
14	沙丘高度	35	公益林保护等级	56	杂竹株数
15	覆沙厚度	36	商品林经营等级	57	天然更新等级
16	侵蚀沟面积比例	37	抚育措施	58	地类面积等级
17	基岩裸露	38	林种	59	地类变化原因
18	土壤名称	39	起源	60	有无特殊对待
19	土壤质地	40	优势树种	61	调查日期
20	土壤砾石含量	41	平均年龄	62	林分蓄积量
21	土壤厚度	42	龄组		

对主要的样地因子说明如下：

①调查因子中的 1~7 项描述了样地位置基本信息。其中样地类别包含复测样地、改设样地、目测样地、放弃样地 4 类。

②调查因子中的 8~17 项描述了样地所属区域地貌和地形特征。

③调查因子的 18~23 项描述了样地土壤及腐殖层、枯落物情况。

④调查因子 24~29 项描述了样地植被情况。其中植被类型按面积优势法确定，植被类型分为自然植被和栽培植被两大类别，自然植被为 5 个植被型组，18 个植被型(表 4-2)；栽培植被为 3 个植被型组，11 个植被型。

表 4-2 自然植被类型划分标准与代码表

植被型组	植被型	代码	分布范围、海拔、树种
1. 针叶林	1. 寒温性针叶林	111	主要分布于神农架山脉西段海拔 2 500~3 000 m 地带；主要为巴山冷杉林组成的针叶林
	2. 温性针叶林	112	分布于海拔 800~2 400 m 的山地；主要有华山松林、白皮松林、油松林、台湾松(黄山松)林、巴山松林、柳杉林和侧柏林
	3. 温性针阔混交林	113	分布于上述地区针叶树和阔叶树混交的森林
	4. 暖性针叶林	114	主要分布于丘陵山地的酸性红壤、黄壤或石灰性土壤上；建群种主要有水杉林、马尾松林、杉木林、柏木林、黄杉林、秃杉林、铁尖杉林等
	5. 暖性针阔混交林	115	分布于上述地区针叶树和阔叶树混交的森林，针叶和阔叶的比例均不超过七成
2. 阔叶林	1. 落叶阔叶林	121	以落叶阔叶树种为主的森林，落叶成分所占比例在七成以上；主要有短柄枹树林、槲斗栎林、锐齿槲栎林、麻栎林、栓皮栎林、杨桦林等
	2. 常绿落叶阔叶混交林	122	以落叶树种与常绿树种共同组成的森林，落叶和常绿的比例均不超过七成
	3. 常绿阔叶林	123	以常绿阔叶树种为主的森林，常绿成分比例在七成以上；主要有栲类林、青冈林、石栎林、木荷林、樟楠林等
	4. 硬叶常绿阔叶林	124	以壳斗科栎属中高山栎组树种组成的森林，叶绿色革质坚硬，叶缘常具尖刺或锐齿
	5. 竹林	129	附着有胸径 2 cm 以上的竹类植物的林地
3. 灌丛和灌草丛	1. 常绿针叶灌丛	131	分布于大、小神农架海拔 2 700 m 以上的阳坡或半阳坡的香柏灌丛
	2. 常绿革叶灌丛	132	组成植物主要是杜鹃花科的杜鹃花属和岩须属的耐寒种类
	3. 落叶阔叶灌丛	133	分布于亚热带地区低山丘陵或石灰岩山地，以落叶成分为主的次生灌丛；种类有白栎、茅栗、白檀、盐肤木、马桑、黄荆、小果蔷薇、胡枝子等
	4. 常绿阔叶灌丛	134	亚热带地区由常绿阔叶灌木所组成的灌丛；主要有铁仔、光叶海桐等
	5. 灌草丛	135	以多年生草本植物为主要建群种，包括有散生灌木的植物群落和无散生灌木的植物群落；主要有五节芒、龙须草等
8. 草甸	1. 草甸	181	由多年生中生草本植物为主体的群落类型；主要有湖泊河流泛滥地、河谷冲积扇分布的狗牙根草甸等
9. 沼泽和水生植被	1. 沼泽	191	在多水和过湿条件下形成的沼生植物占优势的植被类型；主要有薹草灯芯草沼泽、芦苇沼泽、茭笋沼泽、香蒲沼泽等
	2. 水生植被	192	生长在水域环境中的植被类型

⑤调查因子 30~32 描述了样地所在土地类型及权属信息。其中地类根据土地覆盖和利用现状综合划定，具体划分见表 2-3。

⑥调查因子 33~38 描述了样地所在森林森林类别、林种及经营相关信息。森林类别按

主导功能的不同将森林(含林地)分为公益林(地)和商品林(地)两个类别。

⑦调查因子 39~51 描述了森林结构及数量特征。其中优势树种应按该树种蓄积量(或按该树种胸高断面积)占样地总蓄积量(总胸高断面积)65%以上确定。当为无蓄积量或蓄积量很少的幼龄林和未成林造林地时，可按株数的组成比例确定；如树种很多分不清优势时，可将树种合并为树种组记载。调查平均年龄时，按乔木林、经济林、毛竹林等优势树种的平均年龄记入调查记录。

⑧调查因子 52~54 描述了森林健康及灾害情况。主要调查森林灾害类型，并根据受害样木株数，确定受害等级，并评价健康等级。

⑨调查因子 55~56 记录了四旁树株数及杂竹株数情况。

⑩调查因子 57~61 记录了天然更新情况及地类面积、变化情况以及调查日期。为了便于样地的地类变化分析，对所有的地类发生变化或者间隔期内地类有过变化的样地都要求调查地类变化原因。按照人为因素、灾害因素、自然因素和其他因素进行划分。

⑪调查因子 62 记录了林分蓄积量情况。

4.2.2　二类调查小班调查因子

二类调查小班调查对象是调查范围内所有小班，依据不同用途及地类来调查记载相关因子。如湖北省二类调查小班的调查因子，可将小班调查内容分为空间位置(因子 1~5)、管理因子(因子 9~20，56，57)、立地因子(因子 21~31)、生态因子(因子 32~42)和林木因子(因子 43~55)五大类(表 4-3)，立地因子调查表见附表 8。

①在调查过程中，地类的调查要求与一类清查中地类调查的要求相同。

②林地　用于林业生态建设和生产经营的土地，包括郁闭度≥0.2 的乔木林地以及竹林地、疏林地、灌木林地、未成林造林地、迹地、苗圃地和宜林地。

③有林地　附着有森林植被、郁闭度≥0.2 的林地，连续面积>0.066 7 hm^2，包括乔木林地和竹林地。

④疏林地　由乔木树种组成，连续面积>0.066 7 hm^2，郁闭度在 0.10~0.19 的林地。

⑤灌木林地　附着有灌木树种，或因生境恶劣矮化或因人工栽培矮化成灌木型的乔木树种以及胸径<2 cm 的小杂竹丛，以经营灌木林为主要目的或起防护作用，覆盖度在 30%以上的林地。其中，灌木林带行数应在两行以上且行距≤2 m，当灌木林带的缺损长度超过林带宽度的 3 倍时，视作两条灌木林带，两平行灌木林带的带距≤4 m 时按片状灌木林调查。

⑥未成林地　未达到有林地或灌木林地标准但有成林希望的林地。

⑦苗圃地　固定的林木、花卉育苗用地。不包括母树林、种子园、采穗圃、种质基地等种子、种条生产用地以及种子加工、储藏等设施用地。

⑧无立木林地　采伐、火烧后达不到疏林地标准且还未更新造林的林地，以及造林失败等的林地。包括采伐迹地、火烧迹地和其他无立木林地。

表 4-3 二类调查小班调查因子

序号	因子名称	序号	因子名称	序号	因子名称
1	外业小班号	20	森林经营目标	39	竹度
2	县	21	地貌	40	天然更新等级
3	乡	22	海拔	41	群落结构
4	村	23	坡度	42	自然度
5	林班号	24	坡向	43	优势树种(组)
6	小班号	25	坡位	44	树种组成
7	土地所有权	26	土壤名称	45	平均年龄
8	土地承包权	27	土层厚度	46	平均树高
9	林木所有权	28	腐殖质厚度	47	平均胸径
10	土地用途类型	29	交通区位	48	每公顷株数
11	地类	30	林地质量等级	49	每公顷蓄积量
12	工程类别	31	立地类型	50	散生木株数
13	林地保护等级	32	郁闭度	51	散生木蓄积量
14	公益林事权等级	33	起源	52	枯死木株数
15	公益林保护等级	34	灌木覆盖度	53	枯死木蓄积量
16	森林类别	35	草本覆盖度	54	散生毛竹株数
17	林种	36	植被总覆盖度	55	小班面积
18	森林经营管理类型	37	龄组	56	调查人员
19	森林经营措施类型	38	经济林产期	57	调查日期

⑨宜林地　县级以上人民政府规划的宜林荒山荒地、宜林沙荒地和其他宜林地。

⑩辅助生产林地　直接为林业生产服务的工程设施(含配套设施)用地和其他具有林地权属证明的土地。

⑪非林地　林地以外的耕地、牧草地、水利用地、未利用地和建设用地。

⑫森林类别　按森林主导利用途径的不同所划分的森林类型，以林地为区划对象，按主导功能(经营目的)、生态区位的不同将林地分为公益林(地)和商品林(地)两类。

⑬林种　按照森林的经营目标和用途而划分的一种森林经营管理类型。

⑭防护林　以保障生态安全，发挥生态防护功能为主要目的的有林地、疏林地和灌木林地。

⑮特种用途林　以保存种质资源、保护生态环境，以及用于国防战备、景观保护和科学实验等为主要经营目的的有林地、疏林地和灌木林地。

⑯用材林　以生产木材、竹材和木质纤维为主要目的的有林地、疏林地和灌木林地。

⑰能源林　以生产燃料、生物质能源原料为主要目的的有林地、疏林地和灌木林地。

⑱经济林　以生产食用油料、干鲜果品、工业原料、药材、食品、香料及其他副特产品为主要经营目的有林地和灌木林地。

⑲林种优先级　当某地块同时满足一个以上林种划分条件时，应根据"先公益林，后商品林"的原则区划，并结合工程类别综合考虑。

⑳树种组　为方便统计汇总，根据树种生物学特征、生态学特点和主要用途，将树种划分为树种组。

㉑立地因子　主要包括地貌、坡度级、坡向、坡位、土壤和立地类型等。

㉒森林质量　群落结构和自然度。

㉓按照《全国森林经营规划(2016—2050 年)》分类要求，根据森林所处的生态区位、自然条件、主导功能和分类经营的要求，与现行的公益林、商品林分类管理政策有机衔接，将森林经营类型分为严格保育的公益林、多功能经营的兼用林和集约经营的商品林。

㉔森林经营目标　根据相关规划及所有者的培育方向，确定的小班的主要经营方向。

4.2.3　小班及样地调查因子

本次实习调查分为两个层面：①完成小班调查因子表的填写；②对每个小班抽样调查，完成小班蓄积量计算。调查样地为 20 m×30 m，采用方形样地，对样地进行每木检尺。完成样地调查因子数据计算汇总后，可参考空间连接方法，将样地调查因子与小班几何图形边界关联。

空间连接

4.2.3.1　小班调查因子表

小班调查因子表分为 42 项因子，分别从小班基本情况、林地情况、林木情况、生态因子情况等几个方面调查小班的状态。其中林木情况的因子需要根据小班内布设的样地推算至整个小班(表 4-4)。

表 4-4　小班调查因子

序号	因子名称	序号	因子名称	序号	因子名称
1	外业小班号	15	腐殖质厚度	29	优势树种(组)
2	林班号	16	土壤质地	30	树种组成
3	小班号	17	立地类型	31	平均年龄
4	权属	18	郁闭度	32	平均树高
5	土地类型	19	起源	33	平均胸径
6	森林类别	20	灌木覆盖度	34	每公顷株数
7	林种	21	草本覆盖度	35	每公顷蓄积量
8	地貌	22	植被总覆盖度	36	散生木株数
9	海拔	23	龄组	37	散生木蓄积量
10	坡度	24	经济林产期	38	枯死木株数
11	坡向	25	竹度	39	散生毛竹株数
12	坡位	26	天然更新等级	40	小班面积
13	土壤名称	27	群落结构	41	调查人员
14	土层厚度	28	自然度	42	调查日期

①土地类型　简称地类，是根据土地的覆盖和利用状况综合划定本实验区的类型，包括林地和非林地2个级地类类别。其中，林地划分为7个一级地类，11个二级地类；非林地划分为5个一级地类，8个二级地类。土地类型划分见表2-3。

②权属　分为国有、集体两种类型。

③森林类别　按商品林、公益林记载。

④林种　分为防护林、特种用途林、用材林、能源林和经济林5个林种。

⑤地貌　分为中山、低山、丘陵、平原。

⑥坡向　按方位角分为9个坡向。

⑦坡位　分为脊、上、中、下、谷和平地6个坡位。

⑧土壤名称　根据中国土壤分类系统，记载到土类，红壤、黄壤、黄棕壤、棕壤、暗棕壤、紫色土、石灰(岩)土、潮土、山地草甸土和沼泽土。

⑨土壤厚度　填写等级分为厚(≥80 cm)、中(40~79 cm)和薄(<40 cm)。

⑩腐殖质厚度　填写等级分为厚(≥20 cm)，中(10~19 cm)和薄(<10 cm)。

⑪土壤质地　包括黏土、壤土、砂壤土、壤砂土和砂土。

⑫立地类型　试验区属于低山丘陵立地类型小区，可按照坡向和土壤来划分立地类型。

⑬群落结构　对乔木林地、竹林地，按照结构完整、较完整结构和简单结构记录。

⑭起源　将乔木林地、竹林地、疏林地、灌木林地分天然和人工两大类。

⑮天然更新等级　对于疏林地、一般灌木林地、迹地和宜林地，应调查天然更新等级。天然更新等级根据幼苗各高度级的天然更新株数确定(表4-5)。

表4-5　天然更新等级　　株/hm^2

等级	高度(cm)		
	≤30	31~50	≥51
良好	≥5 000	≥3 000	≥2 500
中等	3 000~4 999	1 000~2 999	500~2 499
不良	<3 000	<1 000	<500

⑯自然度　按照现实森林类型与地带性原始顶极森林类型的差异程度，或次生森林类型位于演替中的阶段，具体划分见表4-6。

表4-6　自然度划分标准与代码表

自然度	划分标准	代码
Ⅰ	原始或受人为影响很小而处于基本原始状态的森林类型	1
Ⅱ	有明显人为干扰的天然森林类型或处于演替后期的次生森林类型，以地带性顶极适应值较高的树种为主，顶极树种明显可见	2
Ⅲ	人为干扰很大的次生森林类型，处于次生演替的后期阶段，除先锋树种外，也可见顶极树种出现	3

（续）

自然度	划 分 标 准	代码
Ⅳ	人为干扰很大，演替逆行，处于极为残次的次生林阶段	4
Ⅴ	人为干扰强度极大且持续，地带性森林类型几乎破坏殆尽，处于难以恢复的逆行演替后期，包括各种人工森林类型	5

⑰龄组划分　按照优势树种、短轮伐期用材林树种分别划分龄组(表 4-7)。短轮伐期用材林树种龄组划分见表 4-8。

⑱经济林产期划分　分为产前期、初产期、盛产期和衰退期 4 个阶段，具体的划分标准见表 4-9。

表 4-7　优势树种(组)龄组划分表　年

树种	起源	龄组划分					龄级划分
		幼龄林	中龄林	近熟林	成熟林	过熟林	
		1	2	3	4	5	
云杉、柏木 紫杉、铁杉	天然	40 以下	41~60	61~80	81~120	121 以上	20
	人工	20 以下	21~40	41~60	61~80	81 以上	20
落叶松、冷杉	天然	40 以下	41~60	61~80	81~121	121 以上	20
	人工	20 以下	21~30	31~40	41~60	61 以上	10
油松、马尾松、黄山松、华山松、高山松	天然	20 以下	21~30	31~40	41~60	61 以上	10
	人工	10 以下	11~20	21~30	31~50	51 以上	10
杨、柳、檫、泡桐、楝、枫杨、刺槐、杜仲、厚朴、银杏、黄檗、软阔	人工	5 以下	6~10	11~15	16~25	26 以上	5
桦、榆、木荷、枫香、珙桐	天然	20 以下	21~40	41~50	51~70	71 以上	10
	人工	10 以下	11~20	21~30	31~50	51 以上	10
栎、柞、槠、栲、樟、楠、椴、柿、核桃、漆树、乌桕、白蜡树、栓皮栎、光皮树、毛梾、蚕柞、硬阔	天然	40 以下	41~60	61~80	81~120	121 以上	20
	人工	20 以下	21~40	41~50	51~70	71 以上	10
杉木、柳杉、水杉、池杉	天然	15 以下	16~25	26~30	31~40	41 以上	5
	人工	10 以下	11~20	21~25	26~35	36 以上	5
意杨	人工	3 以下	4~9	10~12	13~15	16 以上	3

表 4-8　短轮伐期用材林树种龄组划分表　　年

树种	起源	龄组划分					龄级划分
		幼龄林	中龄林	近熟林	成熟林	过熟林	
		1	2	3	4	5	
落叶松、马尾松类	人工	10 以下	11~15	16~20	21~30	31 以上	5
火炬松、湿地松类	人工	5 以下	6~10	11~15	16~25	26 以上	5
意杨	人工	2 以下	3~4	5~6	7~10	11 以上	2

表 4-9　经济林主要树种产期划分表　　年

名称	产前期	初产期	盛产期	衰退期
1. 果树类				
柑橘类	3 以下	4~10	11~20	21 以上
苹果	4 以下	5~7	8~40	41 以上
梨	5 以下	6~8	9~50	51 以上
桃	3 以下	4~5	6~30	31 以上
李	4 以下	5~8	9~40	41 以上
杏	3 以下	4~10	10~50	51 以上
枣	3 以下	4~5	6~50	51 以上
山楂	2 以下	3~8	9~30	31 以上
柿*	5 以下	6~8	9~50	51 以上
核桃*	4 以下	5~10	11~50	51 以上
板栗	3 以下	4~8	9~50	51 以上
葡萄	3 以下	4~5	6~10	11 以上
2. 食用原料类				
油茶	2 以下	3~6	7~30	31 以上
油橄榄	3 以下	4~7	8~30	31 以上
茶叶	2 以下	3~5	6~20	21 以上
花椒	3 以下	4~7	8~25	26 以上
八角	4 以下	5~7	8~50	51 以上
肉桂	3 以下	4~6	7~50	51 以上
桂花	3 以下	4~7	8~25	26 以上
胡椒	2 以下	3~7	8~25	26 以上
山苍子	2 以下	3~5	6~20	21 以上
3. 药材类				
杜仲*	3 以下	4~6	7~20	21 以上
厚朴*	3 以下	4~6	7~20	21 以上
银杏*	5 以下	6~10	11~100	101 以上
黄柏*	3 以下	4~8	9~20	21 以上
枸杞	2 以下	3~5	6~10	11 以上
4. 林化工业原料类				
漆树*	3 以下	4~7	8~20	21 以上
黄连木	4 以下	5~8	9~50	51 以上
油桐	3 以下	4~5	6~20	21 以上
乌桕*	3 以下	4~6	7~25	26 以上
麻风树	3 以下	4~6	7~30	31 以上
棕榈	2 以下	3~5	6~15	16 以上
白蜡树*	2 以下	3~6	7~20	21 以上
栓皮栎*	20 以下	21~40	41~70	71 以上
光皮树*	5 以下	6~8	9~30	31 以上
毛梾*	5 以下	6~8	9~30	31 以上
无患子	3 以下	4~8	9~20	21 以上
5. 其他经济类				
蚕桑	2 以下	3~5	6~50	51 以上
柞蚕*	2 以下	3~5	6~20	21 以上

注：带＊的为乔木经济林，乔木经济林需填写产期和龄组两项调查因子。

⑲竹度　对于竹林，竹度划分分为 5 级，具体划分见表 4-10。

表 4-10　毛竹度数划分表

度数	Ⅰ	Ⅱ	Ⅲ	Ⅳ	Ⅴ
年龄(年)	1	2~3	4~5	6~7	8~9

4.2.3.2　样地植被调查因子

样地植被调查因子有以下 5 点，具体林分(乔灌层)调查表见附表 9。

①乔木层　包括树种、树高、胸径、位置、冠幅、枝下高、密度、郁闭度、干形状况、枯立木株树、立木蓄积量、林分蓄积量、区分保留木与采伐木。

②灌木层　包括灌木种类和盖度。

③草本层　包括草本的种类和盖度。

④土壤　包括土壤名称、土层厚度、腐殖质厚度和土壤质地。

⑤郁闭度。

4.3　样地数据的处理与分析

4.3.1　小班蓄积量的测算

可以采用平均标准木法、径级标准木法、一元材积表法、标准表法等测算标准地(样地)的蓄积量，本次实习要求根据各方法的适用条件、优缺点和误差来选择最合适的蓄积量测算方法。

4.3.1.1　平均标准木法

①测设标准地，并进行调查。

②根据每木检尺的资料，分别树种统计各径阶的株数得到标准地总株数，计算标准地总断面积($\sum G$)和平均断面积。

③计算林分平均胸径(D_g)，并采用图解法查定林分平均树高(H_D)。

④寻找与林分胸径、树高平均值相近且干形中等的林木 1~3 株，伐倒并采用区分求积法或立木区分求积法计算单株材积(V)。

a. 计算标准地蓄积量：

$$M = V\frac{\sum G}{g} \tag{4-5}$$

式中，V 为实际标准木材积；g 为实际标准木断面积；$\sum G$ 为标准地总断面积。

b. 换算为单位面积蓄积量(即每公顷蓄积量)：

每公顷蓄积量=标准地蓄积量/标准地面积

4.3.1.2　径级标准木法

①划分径级　将标准地全部树木分成几个(一般 3~5 个)径级，使每个径级内的株数

相等。

②计算各径级的平均直径和平均树高。

③分径级选取标准木　按各径级平均直径、平均高在林内选伐标准木，用区分求积法计算各标准木材积(V_i)。

④计算各径级蓄积量(M_i)

$$M_i = V_i \frac{G_i}{g_i} \tag{4-6}$$

式中，V_i 为径级标准木材积；g_i 为径级标准木断面积；G_i 为径级总断面积。

⑤标准地蓄积量　将各径阶蓄积量相加，即得标准地蓄积量，再换算成单位面积蓄积量。用等株径级标准木法计算蓄积量。

4.3.1.3　一元材积表法

①在标准地内分别树种进行每木检尺。

②根据一元材积表中的单株平均材积数值，列出各径阶中值的材积值。

③计算径阶材积，再将各径阶林木株数乘以该径阶的单株平均材积。

④各径阶材积之和即为该树种在标准地的蓄积量。

⑤标准地内所有树种的材积之和即为标准地林木蓄积量。

⑥计算每公顷林分蓄积量。

⑦计算林分蓄积量。

4.3.1.4　标准表法

①测算出林分平均高和每公顷断面积($G_{测}$)。

②根据林分平均树高(H_D)，由该树种的标准表查得标准林分的每公顷断面积($G_{标}$)和蓄积量($M_{标}$)。

③计算林分的疏密度(P)

$$P = \frac{G_{测}}{G_{标}}$$

④计算标准地林分单位面积蓄积量($M_{测}$)

$$M_{测} = PM_{标}$$

⑤根据林分面积求出林分蓄积量。

分别两套样本(样圆样本、角规测量样本)进行估计，并加以比较。这里主要列出湖北省各地区测算蓄积量的一元立木材积方程，其中胸高直径(D)指从地径起 1.3 m 处的树干直径，单位为厘米(cm)；树高(H)的单位为米(m)；材积(V)指树干材积，不包括枝丫材积，单位为立方米(m^3)。以下方程采用轮尺径，而实际多用围尺径，所以需要换算后再进行计算，具体各方程见表 4-11。

表 4-11 湖北省一元立木材积公式

树种	公式	树种	公式
鄂西北马尾松	$V=0.000\ 060\ 049\ 1D_{\text{轮}}^{1.871\ 975}H^{0.971\ 802\ 32}$ $H=22.154\ 621-401.746\ 42/(D_{\text{围}}+17)$ $D_{\text{轮}}=-0.128\ 114\ 77+0.986\ 679\ 91D_{\text{围}}$	鄂西南杉木	$V=0.000\ 058\ 777\ 0D_{\text{轮}}^{1.969\ 983\ 1}H^{0.896\ 461\ 57}$ $H=56.012\ 56-4\ 023.910\ 50/(D_{\text{围}}+73)$ $D_{\text{轮}}=-0.228\ 537\ 12+0.987\ 972\ 12D_{\text{围}}$
鄂西北硬阔叶树	$V=0.000\ 050\ 479\ 1D_{\text{轮}}^{1.908\ 505}H^{0.990\ 765\ 07}$ $H=47.585\ 59-2\ 982.163\ 80/(D_{\text{围}}+65)$ $D_{\text{轮}}=-0.085\ 459\ 45+0.983\ 789\ 31D_{\text{围}}$	鄂东马尾松	$V=0.000\ 060\ 049\ 1D_{\text{轮}}^{1.871\ 975}H^{0.971\ 802\ 32}$ $H=24.269\ 24-591.977\ 56/(D_{\text{围}}+24)$ $D_{\text{轮}}=-0.132\ 103\ 36+0.977\ 870\ 17D_{\text{围}}$
鄂西北软阔叶树	$V=0.000\ 050\ 479\ 1D_{\text{轮}}^{1.908\ 505}H^{0.990\ 765\ 07}$ $H=45.800\ 41-2\ 312.632\ 40/(D_{\text{围}}+53)$ $D_{\text{轮}}=-0.008\ 652\ 56+0.980\ 227\ 11D_{\text{围}}$	鄂东阔叶树	$V=0.000\ 050\ 479\ 1D_{\text{轮}}^{1.908\ 505}H^{0.990\ 765\ 07}$ $H=17.823\ 39-272.420\ 14/(D_{\text{围}}+17)$ $D_{\text{轮}}=-0.217\ 006\ 21+0.984\ 810\ 55D_{\text{围}}$
鄂西南马尾松	$V=0.000\ 060\ 049\ 1D_{\text{轮}}^{1.871\ 975}H^{0.971\ 802\ 32}$ $H=45.779\ 79-2\ 765.870\ 10/(D_{\text{围}}+63)$ $D_{\text{轮}}=-0.374\ 652\ 81+0.998\ 431\ 50D_{\text{围}}$	通城县黄龙林场人工杉木	$V=0.000\ 058\ 777\ 0D_{\text{轮}}^{1.969\ 983\ 1}H^{0.896\ 461\ 57}$ $H=0.195\ 45+0.643\ 77D_{\text{轮}}-0.002\ 22D_{\text{轮}}^{2}$ $D_{\text{轮}}=-0.111\ 685+0.998\ 340D_{\text{围}}$
柏木	$V=0.000\ 057\ 173\ 6D_{\text{轮}}^{1.881\ 331}H^{0.995\ 688\ 45}$ $H=21.098\ 67-320.363\ 47/(D_{\text{围}}+14)$ $D_{\text{轮}}=-0.255\ 006\ 80+0.992\ 343\ 36D_{\text{围}}$	鄂东杉木	$V=0.000\ 058\ 777\ 0D_{\text{轮}}^{1.969\ 983\ 1}H^{0.896\ 461\ 57}$ $H=30.561\ 58-985.482\ 75/(D_{\text{围}}+33)$ $D_{\text{轮}}=-19\ 621\ 508+0.985\ 057\ 39D_{\text{围}}$
鄂西南硬阔叶树	$V=0.000\ 050\ 479\ 1D_{\text{轮}}^{1.908\ 505}H^{0.990\ 765\ 07}$ $H=28.869\ 90-657.131\ 07/(D_{\text{围}}+21)$ $D_{\text{轮}}=-0.382\ 813\ 45+0.995\ 168\ 80D_{\text{围}}$	罗田县马尾松	$V=0.000\ 060\ 049\ 1D_{\text{轮}}^{1.871\ 975}H^{0.971\ 802\ 32}$ $H=1.985\ 07+0.603\ 03D_{\text{轮}}-0.006\ 22D_{\text{轮}}^{2}$ $D_{\text{轮}}=-291\ 211+0.994\ 017D_{\text{围}}$
鄂西南软阔叶树	$V=0.000\ 050\ 479\ 1D_{\text{轮}}^{1.908\ 505}H^{0.990\ 765\ 07}$ $H=31.840\ 14-879.799\ 00/(D_{\text{围}}+27)$ $D_{\text{轮}}=-0.149\ 398\ 24+0.987\ 958\ 91D_{\text{围}}$		

4.3.2 树高曲线绘制

胸径-树高曲线拟合

采用随手曲线法（坐标纸上作图后计算平均离差进行调整）或数式法绘制树高曲线（选择 SPSS/SAS 中的回归模型）。这里主要介绍数式法绘制树高曲线，常用的表达树高（h）依直径（d）变化的方程有：

$$h=a_0+a_1\lg(d) \tag{4-7}$$

$$h=a_0+a_1(d)+a_2(d^2) \tag{4-8}$$

$$h=a_0d^{a1} \tag{4-9}$$

$$h=a_0+\frac{a_1}{d+K} \tag{4-10}$$

$$h=a_0\mathrm{e}^{-a_1/d} \tag{4-11}$$

$$h=a_0+\frac{a_1}{d} \tag{4-12}$$

式中，h 为树高；d 为直径；e 为自然常数；K 为常数；a_0，a_1，a_2 为方程参数。

在实际工作中，可依据林分调查资料，绘制 $H\text{-}D$ 曲线的散点图，根据散点分布趋势选择几个树高曲线方程进行拟合，从中挑选拟合度最优者作为该林分的 $H\text{-}D$ 曲线方程。

4.3.3 林木生长分析

为了研究不同树种或不同立地条件下的同一树种的生长过程及特点，往往采取“解剖”的手法，即把树木区分成若干段，锯取圆盘，进而分析其胸径、树高、材积、形数的生长变化规律，这种方法称为树干解析。作为分析对象的这棵树干，称为解析木。树干解析是当前研究树木生长过程的基本方法。树干解析的工作可以分为外业和内业两大部分。

树干解析

4.3.3.1 树干解析外业工作

(1)解析木的选择

解析木可根据研究目的来选择，若要研究某一树种的一般生长过程，可选生长正常、未断梢及无病虫害的平均木；若要研究说明生长与立地条件的关系或编制立地指数表，可以选择优势木；若要研究林木受病虫危害的情况，则应在病腐木中选择解析木。

图 4-2 解析木伐前生境调查及各方向冠幅数据采集

(2)解析木的伐前工作

①记载解析木的生长环境　这是分析林木生长变化的不可缺少的重要资料。应记载的项目包括解析木所处的林分状况、立地条件及所属层次、发育等级和与相邻木的相互关系等，并绘制解析木及其相邻木的树冠投影图。

②确定伐根位置，标明胸高位置及树干的南北方向，并分东西、南北方向量测冠幅(图 4-2)。

(3)解析木的伐倒和测定

①砍伐时，先选择适当的倒向，并做相应的场地清理，便伐倒后的量测和锯解工作。然后，从根颈处下锯，伐倒解析木。

②解析木伐倒后，先测定胸径、冠长、死枝下高、活枝下高、树干全长和全长 1/2、1/4 及 3/4 处的直径，随后打去枝丫，用粉笔在全树干上标出南、北方向。

③按伐倒木区分求积的方法，将解析木分段(图 4-3)，为方便计算材积，可采用平均断面积区分求积法分段，但由于根颈部膨大，第一段取中央断面积为宜。

(4)截取圆盘及圆盘编号

在树干各分段位置截取圆盘，为了确定树干年龄并满足内业分析时的需要，必须在根颈和胸高处分别截取圆盘。

截取圆盘时应注意下述事项：

①截取圆盘时要尽量与树干垂直，不应偏斜。

②圆盘向地的一面要恰好在各分段的标定位置上，以该面作为工作面。

③圆盘厚度一般在 3~5 cm 即可，直径较大的可适当加厚。

④锯解圆盘时，应尽量使断面平滑(图 4-4)。

图 4-3　伐倒木分段标记

图 4-4　锯解取盘

⑤每个圆盘锯下后，应立即在非工作面编号，一般以分数形式表示，分子上标注解析木号，分母上标注圆盘号和断面高度，并标明南北方向。根颈处的圆盘为“0”号，然后用罗马字母Ⅰ、Ⅱ……依次向上按顺序标号。在“0”号盘上要记载树种、采集地点和日期等(图 4-5)。

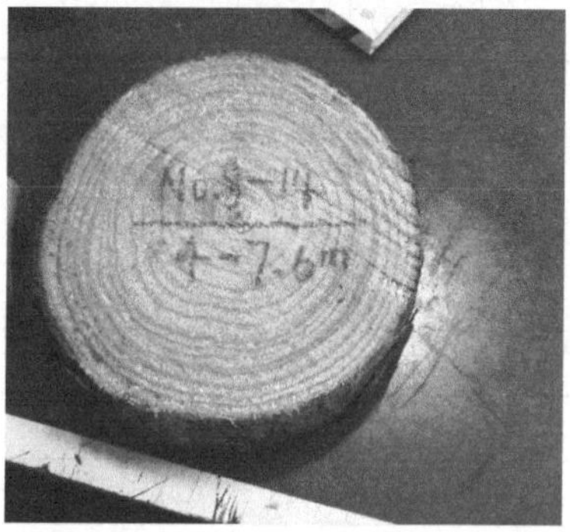

图 4-5　圆盘标注

4.3.3.2　树干解析的内业工作

(1)圆盘的加工

为了准确查数圆盘上的年轮数，须将各号圆盘工作面抛光，之后，通过髓心作南北和东西两条相互垂直的方向线。

(2)确定树木年龄

在“0”号圆盘上，分别沿着各条半径线查数年轮(图 4-6)，待 4 条半径线上的年轮数一致后，即可确定树木的年龄。若伐根部位较高，须加上生长到伐根高度所经历的年数。

(3)划分龄阶，量测各龄阶的直径(图 4-7)

①按树木的年龄大小，生长速度及分析树木生长的细致程度确定龄阶大小，一般定为 3 年、5 年或 10 年一龄阶。

②用大头针在各圆盘的各条半径线上自外向内标出各龄阶的位置，若有不完整龄阶则

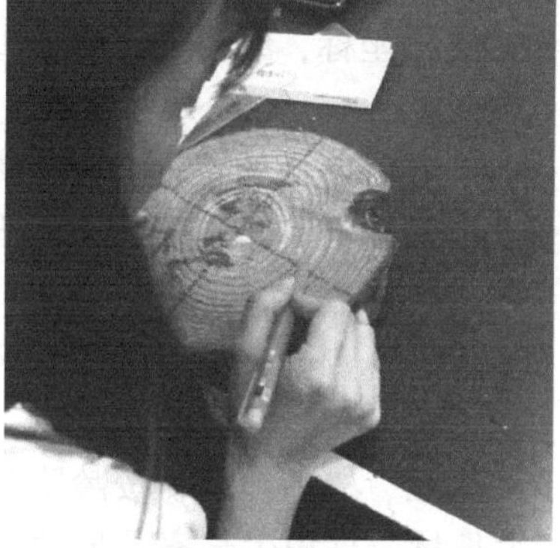

图 4-6　年轮数的查定

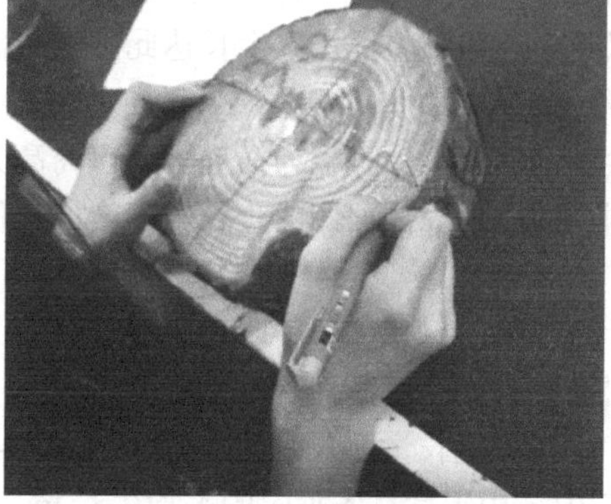

图 4-7　划分龄阶

先将不完整龄阶留在圆盘最外围，再向内逐一标出各完整龄阶。如 32 年生的树以 5 年为一龄阶，其龄阶划分为 32、30、25、20、15、10、5。

③确定龄阶后，用直尺分别在各圆盘东西和南北两方向线上量取各龄阶及最后期间的去皮直径和带皮直径，计算出的平均值即为该圆盘各龄阶的直径，将各龄阶直径填入表 4-12 中。

表 4-12　直径、树高及材积生长过程分析

圆盘号	断面高	年轮数	达高各的断年面龄	(1)年				(1)年		(1)年		(1)年		(1)年	
				带皮		去皮		*d*	*v*	*d*	*v*	*d*	*v*	*d*	*v*
				d	*v*	*d*	*v*								
(1)	根颈(伐根 0 m)	(1)		(1)	×	(1)	×	(1)	×	(1)	×	(1)	×	(1)	×
(1)	胸径(1.3 m)	(1)	(2)	(1)	×	(1)	×	(1)	×	(1)	×	(1)	×	(1)	×
(1)	(1)	(1)	(2)	(1)	(3)	(1)	(3)	(1)	(3)	(1)	(3)	(1)	(3)	(1)	(3)
(1)	(1)	(1)	(2)	(1)	(3)	(1)	(3)	(1)	(3)	(1)	(3)	(1)	(3)	(1)	(3)
(1)	(1)	(1)	(2)	(1)	(3)	(1)	(3)	(1)	(3)	(1)	(3)	(1)	(3)	(1)	(3)
(1)	(1)	(1)	(2)	(1)	(3)	(1)	(3)	(1)	(3)	(1)	(3)	(1)	(3)	(1)	(3)
(1)	(1)	(1)	(2)	(1)	(3)	(1)	(3)	(1)	(3)	(1)	(3)	(1)	(3)	(1)	(3)
梢头		底直径	材积	(1)	(7)	(1)	(7)	(6)	(7)	(6)	(7)	(6)	(7)	(6)	(7)
		长度		(1)		(1)		(5)		(5)		(5)		(5)	
树干总材积				(8)		(8)		(8)		(8)		(8)		(8)	
各龄阶树高				(1)				(4)		(4)		(4)		(4)	

注：表中行列可根据需要增加。表中"×"表示不用填写数据，(1)中数据可直接填写或可量测得到；(2)中数据由对应年轮数减去根颈年轮数；(3)中数据根据中央断面积公式计算；(4)中数据代表各龄阶树高，可采用根据年龄树高曲线内插得到；(5)表示各龄阶梢头长度，需要根据各龄阶树高计算；(6)表示梢头底直径根据当本列对应胸径数据内插得到；(7)梢头材积根据梢头材积公式计算；(8)各龄阶材积对当前列各分段材积累计求和得到。

④确定各龄阶的树高　树木年龄与各圆盘的年轮数之差，即为生长达到此断面高度的年龄，以断面高为纵坐标，以生长达此高度所需的年龄为横坐标，绘出树高生长过程曲线(连成折线)，从曲线上即可查出各龄阶的树高。

⑤绘纵剖面图　以直径为横坐标、以树高为纵坐标，在各断面的位置上按各龄阶直径大小绘制剖面图。纵剖面图的直径与高度的比例要恰当，从而有利于直观认识树干的生长情况。

⑥计算各龄阶材积　各龄阶材积等于各区分段材积与梢头材积之和，其梢头长度等于各龄阶树高减去梢头底断面高度。

⑦计算各种生长量及材积生长率　将表 4-12 中的胸径、树高和材积按龄阶分别抄录于表 4-13 中，用于计算各龄阶的平均生长量、连年生长量、材积生长率及形数等林木生长参数。计算公式如下：

平均生长量：
$$\theta=\frac{V_a}{a} \tag{4-13}$$

连年生长量：
$$\theta_n=\frac{V_a-V_{a-n}}{n} \tag{4-14}$$

材积生长率：
$$P=\frac{V_a-V_{a-n}}{V_a+V_{a-n}}\times\frac{200}{n} \tag{4-15}$$

形数：
$$f_{1.3}=\frac{V}{g_{1.3}h} \tag{4-16}$$

式中，V_a 为蓄积量；a 为年龄；n 为年龄间隔；V_{a-n} 为 n 年前蓄积量；$g_{1.3}$ 为胸高断面积；h 为树高。

表 4-13　树干生长过程总表

年龄	胸径(cm)			树高(m)			材积(m^3)			生长率(%)	形数	备注
	总生长量	连年生长量	平均生长量	总生长量	连年生长量	平均生长量	总生长量	连年生长量	平均生长量			

⑧绘制各种生长曲线图　利用表 4-13 计算出的数据，绘出各种生长曲线、材积连年生长量和平均生长量关系曲线及材积生长率曲线。在绘制材积连年生长量和平均生长量关系曲线时，连年生长量是用定期平均生长量代替的，故应以定期中点的年龄为横坐标定点作图。

⑨以解析木的资料为基础，结合调查目的和专业知识，进行综合分析。

4.4　提交实习成果

①完成样地调查表的整理，并以样地调查表为基础，推算小班的调查因子。

②完成小班调查表，以样地调查表补充完善小班因子表，并录入 ArcGIS 系统中。

第 5 章　森林资源统计分析

森林资源统计分析的内容主要包括：各类与森林资源有关的自然地理环境和生态环境因素；森林经营条件、前期主要经营措施和经营成效；各类林地和各类林分类型的数量、质量、结构、分布等；各类森林的林木蓄积量；分别林分类型的各个龄级的面积、蓄积量。本章主要内容是利用森林资源调查的小班数据进行森林资源统计分析。

5.1　森林资源统计区的基本情况

在统计分析之前，首先应充分熟悉统计区的林业生产条件，掌握并记录如下几方面的基本情况：

①林场的位置及其所在地区的地理位置、林场面积、林场形状及森林资源。

②了解统计区的地形、地势、土壤、地质等特点　主要山脉的位置与高度、当地的海拔；河流在统计区流过的长度、水位及其利用价值；湖泊的分布及利用意义；沼泽地与地下水状况，详细了解统计区的温度、降水量、生长期、主风方向以及影响森林生长发育的其他气候因子。

③统计区的经济条件　了解统计区国民经济各部门的概况及其远景规划；农业、工业及需要木材的各企业单位的生产情况、发展方向、需材种类；林业在国民经济中所起的作用；居民点分布、劳动力供应情况及交通运输条件；该地区的森林覆盖率、主要树种、森林类型与统计区森林所属的林种。

④过去森林经营情况　了解过去的林业机构及实施森林经营措施的种类、经营强度及森林经营方面的经验教训。

5.2　森林资源统计分析方法

5.2.1　调查资料检查

森林资源二类调查数据是森林资源规划设计调查最基本的成果之一，也是统计分析最原始的材料之一，据其可以进行森林资源的统计和分析，并为后续森林经营方案提供基础数据。在检查、整理森林资源二类调查数据时，应注意下列事项：

①小班各属性因子是否正确填写，有无缺项及错误不清处；小班中各种属性字段的编码是否有对应编码表。

②每公顷的蓄积量应与该小班的地位级、年龄、郁闭度相适应。

③各小班地类确定的是否正确(林分郁闭度 0.1~0.3 时应属疏林地)。

④复层林的小班蓄积量应分别林层计算。

⑤小班蓄积量应与每公顷蓄积量成正比，小班林分蓄积量不应包括疏林地与散生木的蓄积量。

⑥林班面积应与小班面积合计一致，保证各种土地面积合计正确无误。林分总蓄积量为各龄组林分蓄积量的总和，而活立木蓄积量应为林分总蓄积量、散生木、疏林地蓄积量之和。

5.2.2　森林资源统计分析

(1)编制林班各类土地面积统计表(附表 10)与各类蓄积量统计表

检查与整理完森林资源二类调查小班数据后，就需要编制各类蓄积量统计表与各类土地面积统计表(表 5-1、表 5-2)。其目的是掌握调查地各类土地面积分配情况和土地利用特点，明确森林覆盖率和林木蓄积量。

森林资源统计分析

表 5-1 与表 5-2 是按经营区(林种区)分别编制的。按一定的统计单位，将其土地利用面积与各种蓄积量分别填入相应的栏中。统计单位的选择根据统计需要来确定，北方林场一般按林班来统计，南方林场或集体林一般按行政单位来统计。各统计单位填写完成后，各类土地面积与蓄积量应进行纵行与横行的合计，横行与纵行的合计应相等。最后按经营区与林场进行总计，并分别计算各类土地面积，以及各种蓄积量所占的百分比。

表 5-1　各类林地面积蓄积量表　　m^3、hm^2

统计单位	林木所有权	活立木总蓄积量	有林地									疏林		四旁树		散生木	
			面积合计	乔木林						竹林		面积	蓄积量	株数	蓄积量	株数	蓄积量
				小计		纯林		混交林									
				面积	蓄积量	面积	蓄积量	面积	蓄积量	面积	蓄积量						

(2)编制各优势树种的龄级、地位级、郁闭度(疏密度)、蓄积量(简称立木龄级表或大龄级表)

立木龄级表(附表 11)是根据检查过的调查簿，对经营区优势树种分别编制的，是分析鉴定森林资源、组织森林经营类型、确定主伐量的重要材料。其在编制时应首先在小班数据中找出同一优势树种的各有林地小班，按林班顺序将这些小班的各项调查因子填入立木龄级表相应龄级的各栏内。过熟林以上的龄级可填在同一栏内，但在小班号下应注明龄级，一个林班的有林地小班应填在同一横行内，当一个林班内有两个同龄级小班时，才分两个横行填写，且各林班内的界限应清晰，以免统计时混乱。每个林班填完后要进行小计，将有林地小班的面积、蓄积量分别合计填入总计栏内。同一优势树种，林分起源不同，则龄级年龄范围、主伐年龄、经营利用措施等均有差异，故应分别填至立木龄级表。

各优势树种填完后，应统计其各龄级的面积和蓄积量，横行总计与纵列总计必须相等，否则即有错误。汇总得到的各优势树种面积、蓄积量总计，应与其他统计表的数据相符。

表 5-2 各类林地面积统计表

hm²

统计单位	总面积	林木使用权	森林类别	林地																		非林地	森林覆盖率（%）	四旁树折算面积	林木绿化率（%）
				合计	乔木林地			竹林	疏林地	灌木林地				未成林造林地			苗圃地	迹地							
					小计	纯林	混交林			合计	国家特别规定灌木林		其他灌木林	小计	未成林人工造林地	未成林封育地		小计	采伐迹地	火烧迹地	其他迹地				
											小计	灌木经济林													

遇复层林的小班时，各林层的郁闭度(疏密度)与蓄积量应分别填写，次林层的郁闭度与蓄积量分别计算。统计完毕后，应在表下为有林地各优势树种和各龄级计算下列各项平均调查因子：

①平均年龄　首先确定各龄级的平均年龄(表 5-3)。用加权平均法求得各优势树种的平均年龄，即以龄级的平均年龄乘该龄级的林分面积，相加后被该优势树种龄级的总面积除，即∑(平均年龄×面积)÷总面积。计算平均年龄时，过熟林一栏内包括有各种不同的龄级，因此过熟林的平均年龄应以各实际龄级、平均年龄与相应各龄级的面积加权平均后求得。

表 5-3　龄级平均年龄　　年

年数 龄级	每一龄级为 20 年时		每一龄级为 10 年时	
	年龄范围	平均年龄	年龄范围	平均年龄
Ⅰ	1～20	10	1～20	5
Ⅱ	21～40	30	21～40	15
Ⅲ	41～60	50	41～60	25
Ⅳ	61～80	70	61～80	35
Ⅴ	81～100	90	81～100	45
Ⅵ	101～120	110	101～120	55
Ⅶ	121～140	130	121～140	65
Ⅷ	141～160	150	141～160	75

②平均地位级　首先统计出优势树种各地位级的面积，然后以加权平均法求得该优势树种的平均地位级。计算平均地位级时用假定数字代替地位级。如果林分有Ⅰ地位级时，则计算平均地位级时用假定数字 1 代替，依此类推Ⅱ-2、Ⅲ-3、Ⅳ-4……。在计算时，直接以地位级对应的数字乘以相应面积再除以总面积，所得的结果四舍五入，取整后划入相对应的地位级。

③平均郁闭度　需首先统计出各龄级内各郁闭度占的面积与各种郁闭度所占总面积，然后面积加权平均法求得各龄级与整个优势树种的平均郁闭度(次林层郁闭度加入总林层郁闭度中计算)。

④平均出材率等级　用上述相同方法求算各优势树种的近、成、过熟林的平均出材率等级(简称出材级)。

⑤平均每公顷蓄积量　以优势树种与各龄级的有林地总面积除其相应的有林地总蓄积量即得该优势树种及各龄级的平均每公顷蓄积量(计算方法参考附表 12)(表 5-4)。

⑥平均生长量　各龄级的总蓄积量被其平均年龄除，即得各龄级的平均生长量，然后各龄级的平均生长量相加即得优势树的总平均生长量(表 5-4)。

表 5-4　平均每公顷蓄积量与平均生长量计算表

项目	龄级									合计
	Ⅰ	Ⅱ	Ⅲ	Ⅳ	Ⅴ	Ⅵ	Ⅶ	Ⅷ	Ⅸ	
蓄积量(m^3)										
面积(hm^2)										
平均每公顷蓄积量(m^3)										
各龄级的平均年龄(年)										
龄级的平均生长量(m^3)										
各龄级每公顷平均生长量(m^3)										

⑦每公顷平均生长量　通过优势树种及龄级的平均生长量被优势树种及各年龄的面积除可计算获得。若几个优势树种组成一个经营类型，应利用各优势树种的统计材料，用面积加权法为经营类型计算上述各项平均因子，但经营类型的总平均生长量为经营类型内各优势树种总平均生长量之和。

调查簿上若有的幼龄林只有面积而无蓄积量记载，则不参加平均每公顷蓄积量与平均每公顷生长量等平均因子的计算。

(3)根据优势树种按近、成和过熟林统计用材林蓄积量(表 5-5)

统计用材林组成树种的蓄积量是在为计算材料出材量提供依据，需以林班、小班为单位，分别统计优势树种面积和蓄积量。

表 5-5　用材林蓄积量统计表　　hm^2、m^3

优势树种	小计		近熟林		成熟林		过熟林	
	面积	蓄积量	面积	蓄积量	面积	蓄积量	面积	蓄积量

(4)分析统计区的森林资源特点

在编制林班各类土地面积统计表、林班各类蓄积量统计表与立木龄级表后，需进一步分析统计区森林资源本身的特点，为今后制定经营原则，安排生产利用、设计经营措施等提供充分的依据。

(5)各类土地面积和各类蓄积量的分配特点

根据表 5-1 至表 5-4 中的数据，可以说明林业用地、其他用地所占比例与森林蓄积量的分配情况，从而分析森林资源的丰富程度、土地利用的合理情况与各类蓄积量所占的比例，分析它们形成的原因并提出改进意见。

(6)有林地面积中各优势树种的面积和蓄积量按龄级分配特点

可以根据表 5-6 的统计计算分析出各优势树种各龄级的面积、蓄积量分配特点。

表 5-6　有林地优势树种面积、蓄积量按龄级分配表　hm^2、m^3

统计单位	乔木林	起源	优势树种	小计		幼龄林		中龄林		近熟林		成熟林		过熟林	
				面积	蓄积量	面积	蓄积量	面积	蓄积量	面积	蓄积量	面积	蓄积量	面积	蓄积量

(7)有林地面积中各优势树种的地位级和郁闭度分配特点

可以根据表 5-7 和表 5-8 统计来分析、说明并阐述各优势树种占优势的地位级和郁闭度。

表 5-7　优势树种按地位级面积分配表

优势树种	地位级					合计	平均地位级
	Ⅰ	Ⅱ	Ⅲ	Ⅳ	Ⅴ		

表 5-8　优势树种按郁闭度面积分配表

优势树种	郁闭度							合计	平均郁闭度
	0.4	0.5	0.6	0.7	0.8	0.9	1.0		

(8)各优势树种的平均调查因子

根据立木龄级表的数据，按郁闭度面积分配表格式编制统计区各优势树种的平均调查因子(表 5-9)，并比较评定各优势树种的各项平均调查因子，以说明目前哪些优势树种具有较高的生产力及其经营前景。

表 5-9　优势树种平均调查因子　m^3

优势树种	林龄	地位级	郁闭度	出材率等级	每公顷蓄积量	年平均生长量

(9)森林更新、生长发育及卫生状况

根据二类调查小班数据，分析说明统计区各优势树种林冠下及无林地上天然更新状况，包括天然更新的优势树种、幼树的生长发育情况及其发展前途、各优势树种林分生长发育的特点及其原因，以及各优势树种林分卫生健康状况等。

(10)森林副产资源及其他情况

根据二类调查小班数据，可分析说明统计区的森林副产资源种类及其利用发展的可能性等。在分析说明统计区上述各项森林资源特点时，最好能提出调查者对今后经营利用的意见，以供设计经营措施时参考。

5.2.3 森林资源现状分析

根据上述各类统计结果，可从森林资源现状、生物多样性、生态质量、森林结构等方面来分析该区域森林资源现状。

(1)森林资源

①林木资源数量　不同森林类型的面积、蓄积量和分布等特征。

②森林资源质量　森林单位面积蓄积量、生长率，以及平均郁闭度、胸径、株数及分布状况等。

③森林资源结构　森林资源的类别、林种、起源、树种和林龄等结构特征。

④森林生态系统状况　生态功能等级、森林自然度和森林健康度等。

(2)生物多样性

①植被资源　说明林场内主要植被类型及其分布，最好能到群落。

②动物资源　包括哺乳类、两栖爬行类和鸟类等，特别说明国家、地方重点保护的野生动物种类。

③植物资源　阐述林场内国家和地方重点保护的野生植物种类及有开发价值的经济植物资源。

(3)生态质量

①典型性　说明林场生态系统在全球、全国或区域的代表性。

②自然性　阐述林场生态系统受人为干扰程度。

③珍稀性　说明是否有珍稀物种、奇特景观。

④脆弱性　说明生态系统的脆弱程度。

⑤多样性　说明生态系统的复杂程度和物种的丰富程度。

5.3 森林资源分布图制作

森林资源分布图一般以林相图来表示。林相图相当于不同色调及简单易查的图面说明，以注记来说明小班与林分的特点，可以一目了然地看出调查小班的地类、在林区的位置及分布情况，也可以看出不同优势树种和各龄组间的比例关系，是设计与实施森林经营措施的重要图面材料。林相图是由基本图缩小绘制成的，其比例一般为基本图的一半。设计时若林班数量较少，可直接由基本图作林相图的底图，不必缩小比例尺。

林相图上的有林地小班，必须按优势树种进行全小班范围的着色，不同优势树种设置不同颜色，优势树种的年龄按幼龄林、中龄林、近熟林、成过熟林、过熟林 5 个龄组以颜色深浅程度来表示，龄组的年龄越大颜色越深。在每个林班的中央，需顺图底边平行方向写林班号(字高 4 mm)。有林地小班内，需要用分式标注小班核心调查因子，一般分子标注优势种、公顷蓄积，分母标注林分平均高以及龄组，属性因子之间用“-”连接。疏林地、采伐迹地、火烧迹地、宜林地等仅需用分式标明小班号、面积和地类，其中分子标注小班号和面积，分母标注地类。

林相图上的上部空白处，应写明图题(×省×县×林业局×林场部分林相图)、调查年度、比例尺和总面积，在下部空白处写明绘图人的姓名和绘图日期。此外，还应将图例以及指北方向绘于适当位置，图例应能充分说明林相图的内容标志。

从制图的完整性来讲，一张完整的林业用图应包括：图头、图框、指北针、比例尺、图例、署名、编制日期和图签。具体的制图符号和比例尺要求参见《林业地图图式》(LY/T 1821—2009)。下面围绕林相图制图的基本步骤展开说明。

5.3.1　基础数据导入

导入基础数据包括二类调查小班矢量图、行政边界矢量图和遥感底图等。在 ArcGIS 中具体的操作步骤为：打开 ArcMap 软件，选择添加数据，选择相应的基础数据，包括底图遥感数据与矢量小班数据(图 5-1)。导入如图 5-2 所示。

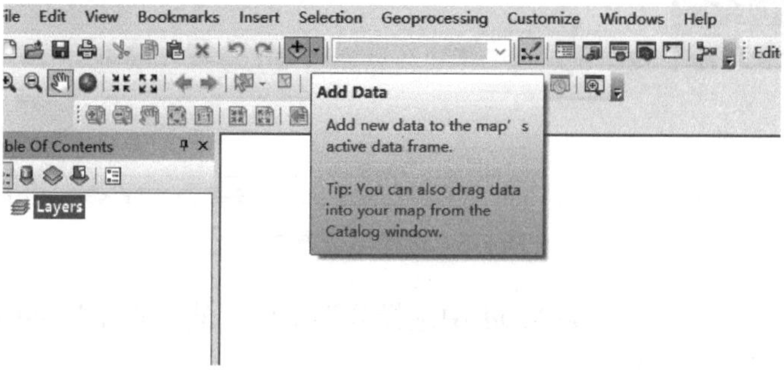

图 5-1　添加基础底图数据

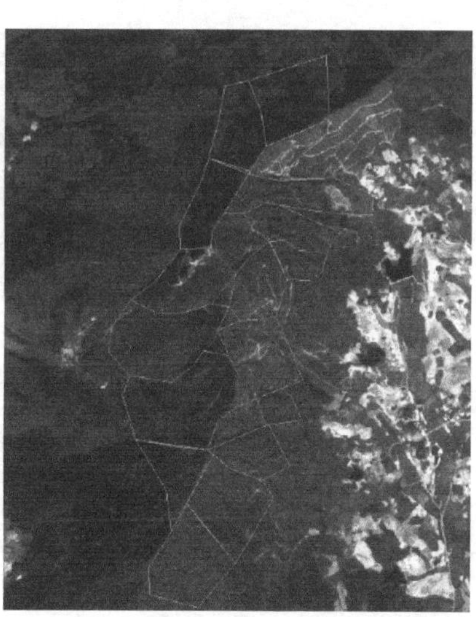

图 5-2　添加二类调查小班和遥感底图

5.3.2 根据属性字段渲染矢量数据

①在 ArcMap 中选择左边 Table of Contents 选中对象，右键选择【Properties】，在出现的对话框中，选择 Symbology 中【Categories】选项，在该标签页中可以根据小班属性数据字段的类型，设置不同的渲染方式(数值型的属性可以选择“数量”渲染方式，字符型的属性可以选择“类别”的渲染方式)(图 5-3)。

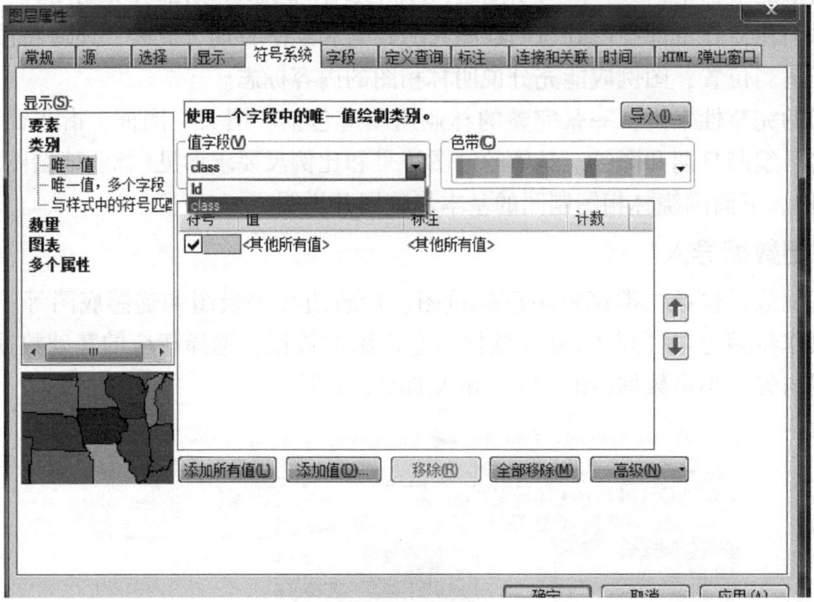

图 5-3 选择渲染方式

②选择渲染方式后，在 Value Field 中选择分类字段，然后点击【Add all values】，加入所有需要渲染的字段(图 5-4)。

③设置渲染符号和颜色时，可以在 Color Ramp 中选择渲染的色彩(图 5-5)。

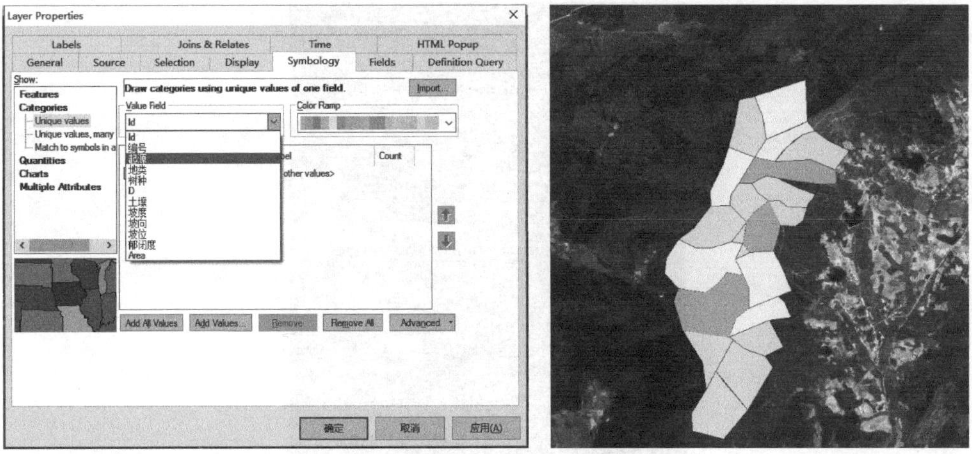

图 5-4 选择渲染字段及其渲染效果

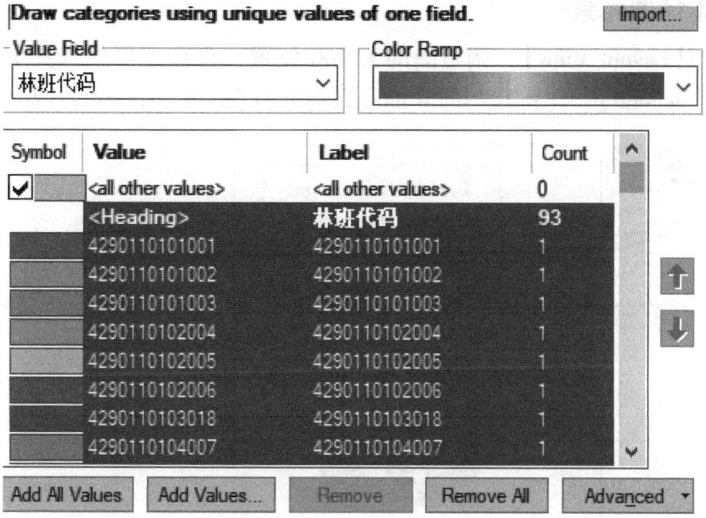

图 5-5　渲染的颜色选择

5.3.3　添加小班或林班标注

对小班或者林班直接在地图上添加标注的具体步骤如下：

①选择数据层点击右键，【Layer Properties】→【Labels】。可在其中标注想要显示的属性字段，并修改字符大小和字体颜色等(图 5-6)。

②分子式的标注在添加时，需在 Labels 标签页中，选择【Expression】，即可选择想要表现的字段类型(图 5-7)。需要注意的是，分子式语句一定要在英文输入法状态下输入；根据不同的情况，可以添加修改字段类型，语句输入完后，先用“Verify(验证)”检查一下字符串是否正确。注意选择解译(Parser)的语言为 Python。

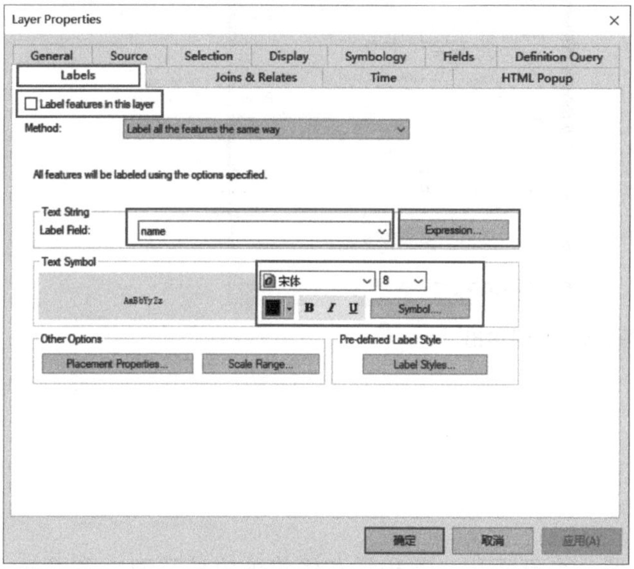

图 5-6　标注信息设置

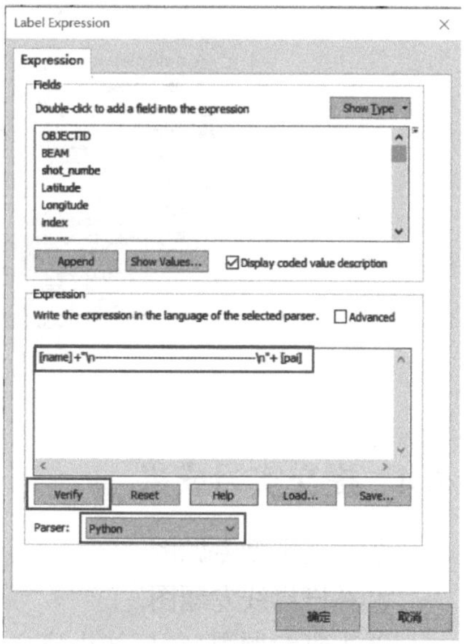

图 5-7　分子式标注方法

5.3.4 添加基本地图元素

选择【View】→【Layout View】，调整图的大小和位置，再在菜单栏选择 Insert 工具添加标题(title)、图例(legend)、比例尺(scale bar)和指北针(north arrow)等(图 5-8)。

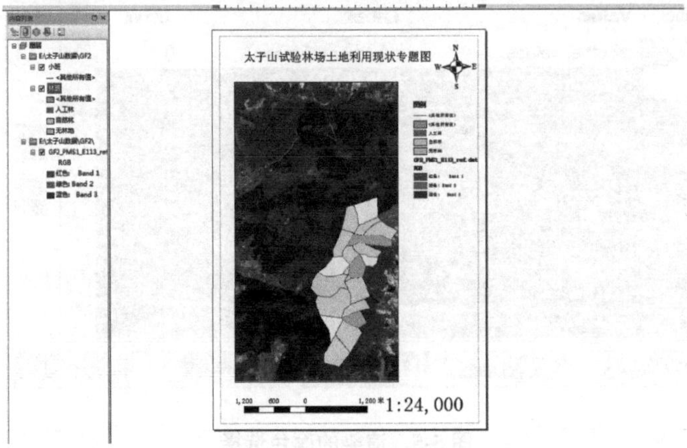

图 5-8 添加地图元素

5.3.5 地图输出

导出成图时，通过菜单栏【File】→【Export Map】选择保存路径，重命名并保存为 JPEG 格式文件(图 5-9)。

图 5-9 地图输出

5.4 提交实习成果

①立地类型专题图。

②林班界线专题图。

③小班专题图(需标注小班立地类型、小班面积、蓄积量和优势种树种类型，采用分子式标注每个小班，具体的属性参数值可以在完成森林资源参数调查后补入)。

第 6 章　森林经营方案编制

森林经营是从形成森林、培育森林到采伐更新整个过程的各种森林培育措施和管护措施的总称。科学严格地编制森林经营方案是科学规范合理经营森林、组织森林经营活动、提高森林质量和实现森林可持续经营的必要手段，也是森林主管部门管理、检查和监督森林经营活动的主要依据。

森林经营方案编制一般为 10 年，商品林为主或经营水平较高的国有林场可为 5 年。编制的原则主要有：①按照可持续经营要求，实行森林生态系统经营管理，科学培育、积极保护与合理利用森林资源相结合；②森林经营方案与区域社会经济发展规划、林业中长期发展规划等宏观规划相协调；③实行森林多目标经营、多资源利用，提高森林经营综合效益，维护区域森林生态系统健康稳定；④科学配置森林资源，优化林业生产工艺，规范经营管理措施，提高林业生产效率。

完整的森林经营方案文本一般应包括：①经营单位基本情况，包括自然、社会与经济条件，森林资源状况，森林经营状况，经济状况等；②森林资源与森林经营状况分析评价与存在问题分析；③森林经营需求与经营环境分析；④本经理期的经营目标；⑤森林功能区划与经营类型组织布局；⑥森林经营类型规划设计；⑦非林木资源经营与游憩规划；⑧森林健康与生物多样性保护；⑨森林经营基础设施与维护；⑩森林经营能力建设；⑪森林经营投资分析与效益评价；⑫森林经营生态与社会影响评估；⑬森林经营保障措施。

本章主要以江西省赣州市安远县安子岽林场经营区为例，根据该区域森林经营需求，围绕森林经营方案编制中的森林经营目标制定，森林功能区和组织经营类型划分，对经营类型规划和设计具体经营措施等核心环节进行介绍。使用的数据主要为林场二类调查小班数据。

6.1　经营需求分析和森林经营目标的确定

6.1.1　经营需求分析

根据第 5 章中的区域森林资源统计分析结果及其经营区域位置特点确定其经营需求主要从以下几个方面来考虑：

①生态服务需求　涵养水源、保持土壤、防风固沙、抵御灾害、固碳释氧、生物多样性保持和森林康养游憩等需求。

②社会需求　提供就业机会、脱贫攻坚、提高职工收入和可持续发展等需求。

③林产品需求　木材、核桃和茶叶等经济林产品、山野菜和蘑菇等林下经济产品以及非木质林产品等需求。

在以上需求分析的基础上，森林经营方案编制者再根据需求与现状的差距，提炼本经理期应解决的问题。

6.1.2　森林经营目标的确定

目标导向是森林经营方案编制的主线，在现代新型森林经营方案编制的过程中，首先需要根据森林主导功能和生态系统服务价值取向确定经营目标，经营目标可以根据生态功能、经济功能和社会功能等多类目标来制定。在制定森林经营目标时主要从以下几个方面来考虑：

①经营对象实现永续经营利用的原则与目前最迫切需要解决的经营利用问题。

②森林资源的采伐利用方式与更新方式。

③主要的森林经营利用措施原则。

④森林经营区森林资源的预期经营利用效果。

具体的经营目标可以分为生态服务价值目标、森林景观结构优化目标、可持续发展目标、其他特殊目标四大类。

①生态服务价值目标　重点围绕“生态服务价值”，如涵养水源、保持土壤、防风固沙、抵御灾害、固碳释氧、生物多样性保持和森林康养游憩等。

②森林景观结构优化目标　重点围绕“优化森林景观”，如改善森林年龄结构、调整树种结构和优化景观格局等。

③可持续发展目标　持续提供就业机会、持续提供木材和其他产品、改善人居环境、提高森林经营利润以及提高职工收入等。

④其他特殊目标　因某些特殊情况必须纳入经营期的经营目标，但不是经营单位的主要森林经营目标，如特殊的生物群落保护、宗教文化林保护和特殊林产品提供等。

6.1.3　实验区森林经营目标

实验区选择江西省赣州市安远县安子岽林场。安子岽林场(115°15′E，25°09′N)位于安远县中西部的欣山镇西门肖家祠，下辖安子岽和甲江两个分场，面积 11 280.47 hm^2。安子岽分场位于安远县中部，东与高云山乡及高云山林场交界，南与风山乡及孔田林场接壤，西与新龙乡相交，北与车头镇及版石镇、葛坳林场毗邻；甲江分场位于安远县西部，东靠欣山镇，南连镇岗乡，西接信丰县，北连车头镇。通过对该林场地理位置和森林资源现状的分析，制定了该林场经营的主要目标与特殊目标。主要目标应是提升安子岽林场森林质量，培育健康、高效与稳定有效的水源涵养林及水土保持林，提升森林固碳释氧能力。特殊目标包括：①生态果园建设示范。针对脐橙园，通过隔离带建设，实现生态防治黄龙病，为周边脐橙林的生产经营提供示范。②康养游憩建设。以龙泉湖森林公园为基础，结合石榴坑和青下山工区森林，按照森林康养要求，进一步提升森林景观质量，适度改造森林林相，提升森林公园生态休闲、游憩和康养能力。

为实现安子岽林场主要目标和特殊目标，本经理期内，各项目标的考核指标值见表 6-1，具体的指标含义描述如下：

表 6-1　经营目标评价指标体系

目标	指标	单位	经营前	经营后
水源涵养	水源涵养量	$m^3/(hm^2 \cdot a)$	4 293.42	5 366.74
	混交林比例	%	68.52	75.37
	合理郁闭度林分面积比例	%	44.59	52.90
水土保持	森林植被固土量	$t/(hm^2 \cdot a)$	19.72	21.69
	复层林比例	%	61.12	62.58
固碳释氧	单位面积地上生物量	t/hm^2	133.71	145.74
	单位面积蓄积量	m^3	112.36	119.10
	蓄积量年生长量	$m^3/(hm^2 \cdot a)$	7.82	8.29
	老龄林比例	%	21.77	18
森林病虫害防治	生态隔离林带面积	hm^2	9.88	33.78
	生态隔离林带结构	无量纲	简单	复杂
康养游憩	康养林面积	hm^2	476.94	524.63
	森林游憩人次	人次/a	80 000	120 000
	景观丰富度	%	0.89	0.98

(1)水源涵养

①水源涵养量　林场经营范围内单位森林、草地等单位面积涵养水源能力的平均值，可用 $m^3/(hm^2 \cdot a)$表示。

②混交林比例　林场经营范围内混交林面积占乔木林面积的比例，用%表示，一般情况下混交林比例越大，表示林场相对水源涵养能力越强。

③合理郁闭度林分面积比例　林场经营范围内郁闭度 0.5~0.7 的乔木林面积占乔木林面积的比例，用%表示。

(2)水土保持

①森林植被固土量　林场经营范围内单位森林、草地等单位面积固土能力的平均值，可用 $t/(hm^2 \cdot a)$表示。

②复层林比例　经营范围内，具有主、副林层的乔木林面积与乔木林总面积的比例，用%表示。

(3)固碳释氧

①单位面积地上生物量　林场乔木林平均每公顷森林地上生物量，用 t/hm^2 表示。

②单位面积蓄积量　林场乔木林平均每公顷森林蓄积量，用 m^3/hm^2 表示。

③蓄积量年生长量　林场经营范围内单位面积乔木林的蓄积量年生长量，用 m^3/hm^2 表示。

④老龄林比例　经营范围内，林场成熟林、过熟林面积与乔木林总面积的比例，用%表示。

(4)森林病虫害防治

①生态隔离林带面积　经营范围内，用于森林病虫害防治的生态隔离林带面积，用 hm^2 表示。

②生态隔离林带结构　在生态隔离林带中，林冠层、林下矮小灌木和草本植物的复杂程度。

(5)康养游憩

①康养林面积　经营范围内，通过培育改造符合国家森林康养相关标准的森林面积。

②森林游憩人次　林场经营范围年度接待的森林休闲、体验、旅游、自然教育和康养等服务的总人数。

③景观丰富度　经营范围内，景观中单位面积斑块类型的数量，用%表示。

6.2　森林功能区划与空间布局

6.2.1　森林功能区划

国有林业局、较大型的国有林场或经营目标多样的森林经营单位可以实行划区经营，将经营范围划分为若干个具有不同功能与经营方向的功能区或林种区。功能区一般为在地域上相连，主体功能一致，可以围绕主体功能从整体上采取系列经营措施的经营管理区域，下列功能区域应优先区划：①自然保护区(自然保护小区)；②自然与文化遗产地；③国防及国防设施防护区；④饮用水源地管理区；⑤种质资源保存、种子林或母树林经营区；⑥科学实验林区；⑦森林文化(宗教)保护区；⑧风景林保护与森林游憩区；⑨环境保护林区。

6.2.2　功能区划的原则和方法

根据《全国森林经营规划(2016—2050)》中对森林功能的划分，森林主导功能可以分为林产品供给、生态保护调节、生态文化服务和生态系统支持四大类。林产品供给包括森林生态系统通过初级和次级生产，提供木材、森林食品、中药材、林果、生物质能源等多种产品，满足人类生产生活需要。生态保护调节包括森林生态系统通过生物化学循环等过程，提供涵养水源、保持水土、防风固沙、固碳释氧、调节气候、清洁空气等生态功能，保护人类生存生态环境。生态文化服务包括森林生态系统通过提供自然观光、生态休闲、森林康养、改善人居、传承文化等生态公共服务，满足人类精神文化需求。生态系统支持是森林生态系统通过提供野生动植物的生境，保护物种多样性及其进化过程。森林功能划分是根据森林所处的生态区位、自然条件、主导功能和分类经营的要求，将森林经营类型分为严格保育的公益林、多功能经营的兼用林和集约经营的商品林。

6.2.2.1　功能区划的总体原则

根据联合国环境规划署和国际林业研究组织联合会(IUFRO)发布的《恢复森林和景观：实现林业可持续发展》报告，以及《全国森林经营规划(2016—2050)》的要求，结合区域特点确定本区域的规划的具体原则如下：

①根据《中华人民共和国水土保持法》第十四条和《中华人民共和国森林法实施条例》第二十二条的规定，禁止在25°以上陡坡地开垦种植农作物，已经开垦为农地的，应当逐

步退耕、植树和种草。

②以当前土地利用总体规划和相关法律法规为依据。

③保护现有未经干扰的或经营良好的天然林，在现有天然林周围进行人工造林是防止进一步退化的良好途径。

④退化原始林只有在评价显示确有经济和(或)社会效益并将造成最小的环境影响时才能采伐。次生林为当地社区提供重要的产品和生态服务，只有在评价表明适合皆伐后才能皆伐(转化为农业用地或人工林)。

⑤在残存天然林间建立森林连接或廊道，可以提高景观的生物多样性。森林连接或廊道结构越复杂、物种越丰富，则提高生物多样性的效果越好，人工纯林也可以作为现有天然林之间的廊道。

⑥河岸、陡坡(坡度>25°)、采矿点、特殊物种栖息地等具有重要生态功能的立地，应予以保护或恢复。

6.2.2.2　功能区划方法

根据上述区划原则，利用地理信息系统辅助进行安子岽林场森林景观功能区划，具体的流程如图 6-1 所示。

功能区划

(1)区划条件梳理及知识库建立

根据区划的规则及限制条件模式，设计安子岽林场森林景观区划的限制条件(表 6-2)。

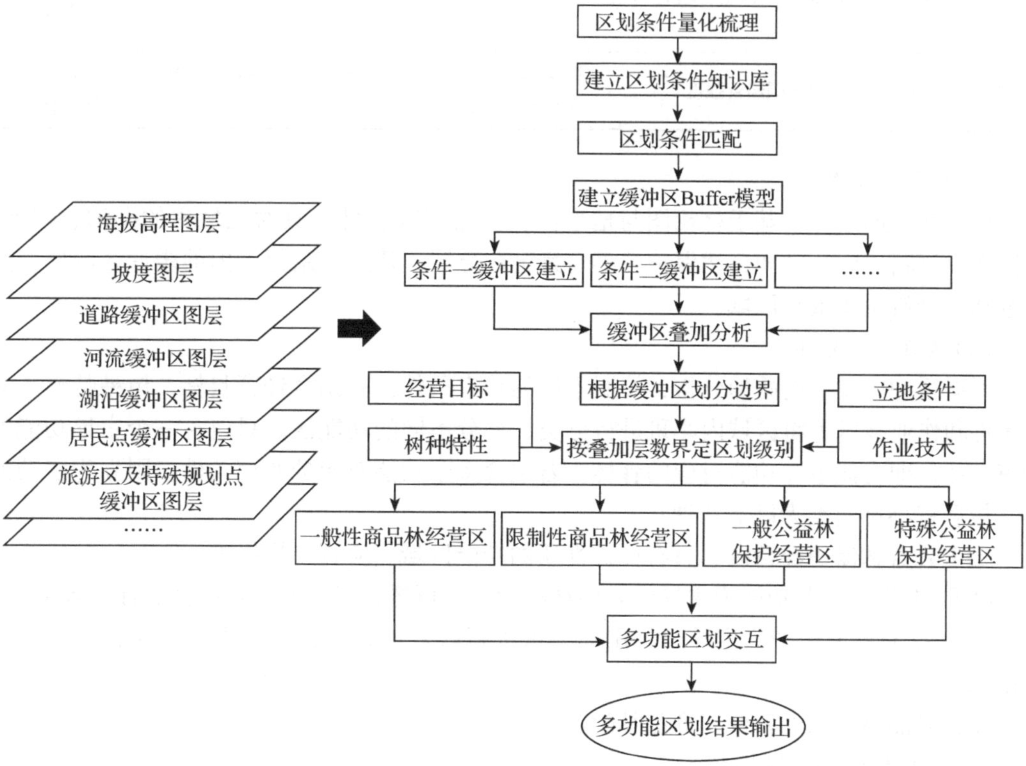

图 6-1　森林功能区划分流程

表 6-2　安子岽林场森林景观区划限制条件

区域	功能描述	限制条件	(亚)林种
湖泊	以涵养水源，改善水文状况，调节区域水分循环，防止河流、湖泊淤塞为主要目的	湖泊周围自然地形第一层山脊以内，或平地200 m以内	水源涵养林
河流	防止河岸、湖泊冲刷崩塌、固定河床为主要目的	堤岸、干渠两侧各50 m范围内	护岸林
道路	以保护公路免受风、沙、水、雪侵害为主要目的	林区、山区国道及干线铁路路基与两侧的山坡或平坦地区各200 m以内 林区、山区的省、县级道路两侧各50 m以内，其他地区10 m范围以内	护路林
村庄	以满足人类生态需求、美化环境为主要目的	村庄周边150 m以内	防护林(人居环境)
旅游区	以满足人类生态需求、美化环境为主要目的	旅游点为中心周边150 m范围内属于游憩开发区域 以旅游点为中心，山脊线迎坡面属于游憩景观保护区	风景林
特殊规划点	保护历史及文化流传，位于名胜古迹(规划区中的水井、石壁、基地碑牌等)	—	名胜古迹纪念林
坡地	不同坡度应适用不同经营强度	坡度45°以上，严格保护坡度25°~45°，限制抚育采伐作业	水土保持林

(2)缓冲区分析

根据知识库条件，基于林相图与地形图，利用GIS软件工具对区域内的湖泊、河流、居民点、道路、旅游区和自然保护区等要素进行分层，建立一定范围内的缓冲区图层，然后叠加，分析重要敏感区域。

(3)区划交互划定

根据缓冲区图层的叠加分析，按照不同的约束条件，并结合经营目标、树种特性、立地条件和作业技术等将区域内小班进行分类，划分不同的功能区。只包含一个主导功能的约束条件，即为该主导功能对应的森林；若包含多个功能对应的约束条件，则划为多功能林。最后将小班归类为以下几种：

①Ⅰ公益林保护经营区　具有保护性质的功能区域，实行严格保护。

②Ⅱ-1 生态服务功能为主导的兼用林经营区　可进行经营性采伐的公益林区域。

③Ⅱ-2 林产品生产为主导的兼用林　可进行收获性采伐，但受到一定条件和经营措施限制。

④Ⅲ商品林集约经营区　商品林生产基地。

(4)森林经营类型区划制图

根据以上的信息进行交互汇总，利用GIS制作森林经营类型区划图，结合森林各项功

表 6-3　森林经营区划描述

代码	森林经营区	量化指标、条件和限制描述	经营模式
Ⅰ	特殊公益林保护经营区	坡度 45°以上的水土保持林 自然保护区核心区 试验林中不进行任何作业的对照林 坡度 45°以上的特殊地区国防林	严格保护、封山育林
Ⅱ	一般公益林保护经营区	坡度在 45°以下的水土保持林和水源涵养林 坡度在 45°以下的国防林 自然保护区的缓冲区和试验区 特殊科学经营试验林区(不能进行皆伐作业) 母树林 护路林 防火林 护岸林	可经营性采伐的公益林
Ⅲ	限制性商品林经营区	坡度在 25°以上的用材林 坡度在 25°以上特殊经济林和特殊油料林(不能进行垦覆、整地等措施) 一般科学经营试验林区(满足科研需要)	中周期人工用材林、长周期珍贵树种用材林(单株择伐)、油料林、长周期珍贵树种用材林
Ⅳ	一般性商品林经营区	不属于其他三类的、无特殊限制的用材林 经济林	镶嵌状小面积皆伐、择伐(短周期工业用材林)

能对应的经营限制的程度，确定经营区。经营区的限制条件及量化指标等描述见表 6-3 所列。

6.2.2.3　实验区森林功能区划图

综合考虑安子岽林场的森林景观特性、自然地理特征和经营目标，结合不同区域的生态脆弱性、重要性和生态环境建设对森林的需求，以林场各小班为分区基本单元，将安子岽林场划分 5 个功能区，分布情况如图 6-2 所示。

(1)多功能经济林经营区

多功能经济林经营区的经营对象包括安子岽林场内的全部经济林，如果木林、食品原料林和其他经济林。优势树种主要是脐橙和柑橘，以及少量分布的猕猴桃和茶叶等。该功能区是安子岽分场的主要功能区，面积共计 2 460.72 hm^2，集中分布在坝仔、中坑、大坳、长坑、岗屋、树木园和山川潭工区。相反，该功能区在甲江分场分布较为分散，面积较少。本方案按照林种、优势树种等特征，将该功能区划分为脐橙水土保持优化经营型、脐橙水源涵养优化经营型、脐橙病虫害防治优化经营型和其他经济林经营型。

(2)康养游憩区

康养游憩区规划在安子岽分场的北部，集中分布在早禾田、青下山和石榴坑工区，包括 130 个小班，面积共计 902.04 hm^2，经营方向为森林康养游憩风景林。该功能区森林景观资源丰富，包括马尾松纯林、杉木纯林、混交林和毛竹林等森林景观类型。

(3)水源涵养区

安子岽林场位于珠江水系东江发源地，也是安远县饮用水源的主要集水区。本方案依据小班的林种、优势树种和水系特征，确定最终区划范围，共包括 215 个小班，面积为 2 448.05 hm^2，集中分布在长坑、小山坝和甲江工区。该功能区主要经营方向为保护经营，景观类型包括马尾松和杉木纯林、混交林以及毛竹林。

(4)水土保持区

水土保持区的划分主要依据小班的林种、优势树种、坡度和水系分布等特征。该功能区主要分布在安子岽林场西部、北部的野鸭湖工区和三排工区，包括 334 个小班，面积为 3 753.62 hm^2。该功能区的经营方向主要是保护经营，景观类型包括马尾松纯林、杉木纯林和混交林。

(5)集约经营区

集约经营区的经营对象主要是用材林，包括短轮伐用材林、速丰用材林和一般用材林。该功能区在甲江分场集中分布在甲江工区，在安子岽分场分布较为分散，共包括 209 个小班，面积为 1 451.56 hm^2。集约经营区的树种主要有马尾松、湿地松、杉木、桉树和阔叶树。经理期内，杉木和湿地松经营方向是培育杉木一般用材及大径材，马尾松主要培育松木一般用材及大径材，阔叶树主要培育阔叶树一般用材、大径材及珍稀树种。

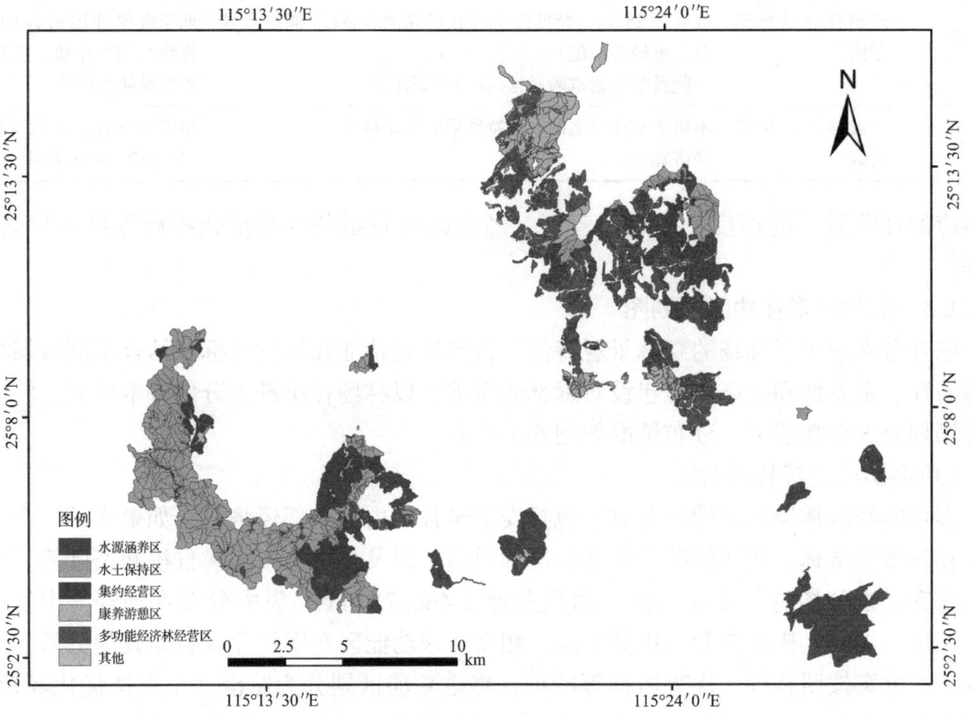

图 6-2　安子岽林场功能区划分布

6.3　组织森林经营类型

6.3.1　组织森林经营类型依据

在同一功能区内，虽然经营利用的方向一致，但林分的树种组成、立地条件、生长率与林况等特点可能不一致，因此有必要根据林分的差别进一步设计不同的经营措施。经营技术与经营措施相同的基本经营单位称为经营类型。组织经营类型的主要依据有以下几点：

(1)优势树种的不同

当优势树种又是主要树种时，可依据优势树种的不同而组织不同的经营类型，次要树种占优势的林分也可以组成临时经营类型，以便通过经营活动使其变成主要树种占优势的林分。

(2)地位级(或立地级、立地指数)的不同

同一优势树种又是主要树种，如果地位级相差较大足以影响到经营目的时，可依地位级的不同而组织不同的经营类型，如高地位级大径材经营类型与低地位级小径材经营类型等。

(3)森林起源的不同

同一树种不同起源时，也会影响林木的寿命、生长率和生产的材种。因而，不同起源的相同树种应组织不同的经营类型。

(4)森林经营利用目的的不同

同一经营区内，森林经营利用目的不同，则需根据不同的经营任务组织不同的经营类型，如矿柱材经营类型、造纸材经营类型和能源林经营类型等。在经营区中有些起防护作用的小班由于分散或面积过小不宜划为单独的经营区时，可将这些小班合并组成防护经营类型，如保土经营类型等。

相同的林型或林型组，在相同的经济条件下，应采取相同的经营措施，所以，可以把林型或林型组作为组织经营类型的基础。

在组织经营类型时，上述各条不一定都符合，应对所有条件进行全面分析，并参考设计区过去组织经营类型的情况。组织几个经营类型时，应分清主次详加说明。组织经营类型的细致程度必须符合生产条件。经营类型的面积不宜过于细小，以免造成经营上的困难，所以面积小的经营类型可与生物学特性相近的经营类型合并。最后，应根据树种或林分特点确定经营类型的名称，并分龄级统计出各经营类型的面积与蓄积量。

6.3.2　森林经营类型设计

每个森林经营类型应明确以下几点：

①培育目标　一般设计到二级林种，用材林宜设计到材种。

②主要树种　天然林设计到森林类型或主要建群种，人工林宜设计到树种(组)，经济林、工业原料用材林宜设计到优良品种。

③经营周期　明确达到培育目标需要的最低年限，宜选择年龄、龄级等指标。

④林地选择　明确对立地条件或林地质量的要求，宜选择立地类型、立地指数级等指标表示。

⑤造林措施　明确适宜的造林方式和模型。公益林一般以封山育林等自然修复方式为主；商品林一般以人工造林为主。造林模型应明确种苗要求、整地、配置、密度、栽植和水肥管理等内容。

⑥培育措施　明确适宜的定株、整枝、抚育采伐等措施，包括作业起始时间、间隔期、方式、强度和主要产出，以及不同阶段生长指标要求等内容。

⑦采伐更新　明确适宜的采伐利用和更新造林措施，包括作业方式、强度、时间和主

要产出指标等内容。

6.3.3 实验区森林经营类型

综合考虑实验区的主要树种类型和经营目标，设计到二级林种，具体的森林经营类型功能区面积分布见表 6-4。

表 6-4 实验区森林经营类型功能区面积分布 hm^2

森林功能区	森林经营类型	面积
多功能经济林经营区	脐橙水土保持优化经营型	168.61
	脐橙水源涵养优化经营型	1 413.25
	脐橙病虫害防治优化经营型	694.43
	其他经济林经营型	34.73
康养游憩区	混交林游憩经营型	867.03
	针叶纯林游憩经营型	91.54
	毛竹林游憩经营型	3.07
水源涵养区	马尾松水源涵养林保护经营型	159.11
	杉木水源涵养林保护经营型	146.51
	针叶混交水源涵养林保护经营型	152.79
	针阔混交水源涵养林保护经营型	406.67
	阔叶混交水源涵养林保护经营型	1 532.34
	毛竹林水源涵养保护经营型	0.54
水土保持区	马尾松水土保持林保护经营型	37.83
	杉木水土保持林保护经营型	608.03
	针叶混交水土保持林保护经营型	35.11
	针阔混交水土保持林保护经营型	258.57
	阔叶混交水土保持林保护经营型	2 811.32
集约经营区	马尾松用材林一般经营型	80.00
	杉木用材林中小径材一般经营型	51.75
	杉木用材林大径材定向培育经营型	179.46
	桉树用材林集约经营型	62.19
	湿地松用材林一般经营型	0.29
	湿地松用材林大径材定向培育经营型	54.74
	针叶混交用材林一般经营型	95.72
	针阔混交用材林一般经营型	66.61
	阔叶混交用材林一般经营型	873.01

6.4　经营措施类型组织

经营设计的措施主要有主伐(附表 13)、抚育采伐(附表 14)、造林(附表 15)、更新资源(附表 16)、促进森林天然更新措施(附表 17)、林分改造(附表 18)、森林病虫害防治(附表 19)和经济林抚育等。本次实习中主要采用小班经营法，在组织经营措施时直接以小班为单位开展经营措施设计。下面以实验区为例，介绍该区域采取的经营措施类型。

根据安子岽林场小班林种、树种、起源、年龄、林木生长状况和培育目标等因素，结合森林经营类型的划分结果，确定经理期内各小班的森林经营措施类型。本经理期经营措施类型分为 9 种经营措施类型，依据其对应的森林经营类型分别落实到小班，统计各经营措施类型面积(表 6-5)。

表 6-5　森林经营措施类型划分及面积统计表　hm^2

措施类型号	措施类型名称	适用经营类型或对象	面积
1	封禁保护型	自然保护区经营型、林地保护等级 Ⅰ 级的防护林经营型	201.35
2	封山育林型	防护林经营型、本经理期内未安排经营活动的保护经营类型用材林、天然阔叶用材林	3 516.48
3	主伐利用型	达到成过熟林标准且安排主伐生产的人工用材林	150.18
4	抚育采伐型	郁闭度 0.8 以上的幼龄林、中龄林	2 696.54
5	森林抚育型	未成林造林地、幼中龄林	7 995.79
6	低产低效林改造型	纳入安远县 2016—2025 低产低效林改造规划的低产低效林	1 726.27
7	造林更新型	采伐迹地、无立木林地	408.96
8	经济林抚育垦覆型	集约经济林	744.05
9	竹林笋材抚育型	毛竹用材林	36.73

6.5　合理采伐量的测算

森林采伐时，需要计算采伐量并论证其合理性。以现有森林资源为基础，按照林场森林资源可持续发展的总体目标要求，结合《森林采伐更新管理办法(2011 年修订)》《森林采伐作业规程》(LY/T 1646—2005)、《中国森林可持续经营指南(2006)》等文件与技术规范的要求，依据林场的森林资源功能区划和森林经营分类成果以及森林经营规划，采用系统分析、最优决策等方法进行测算，确定经理期森林合理年采伐量(附表 20)，编制森林采伐计划。下面以实验区为例说明论证合理采伐量的过程。

6.5.1　确定合理年伐量的原则

①用材林年伐消耗量应低于年生长量。

②经理期末林分单位面积蓄积量应高于经理期开始时的林分单位面积蓄积量。

③回归年或择伐周期不应少于 1 个龄级期。

④不提前主伐工艺未成熟的森林。

⑤年采伐量保持适当稳定，使森林资源得到可持续利用。

⑥将森林采伐对生态环境的影响降低到最低程度。

⑦年采伐量不得突破采伐限额的原则。

6.5.2 确定蓄积生长率

根据区域内多期的森林资源一类调查、二类调查的固定样地资料测算林场各优势树种(组)、各龄组的林分蓄积生长率(表6-6)。

表6-6 各优势树种(组)、龄组蓄积生长率表 %

优势树种(组)	龄组				
	幼龄林	中龄林	近熟林	成熟林	过熟林
马尾松	12.3	7.2	5.8	4.9	3.4
湿地松	15.37	7.76	5.8	4.25	2.14
杉木	16.23	6.83	5.11	4.95	3.28
硬阔类	7.68	4.69	3.64	3.12	1.71
混交类	10.81	6.8	5.45	4.3	2.8
软阔类	16.84	8.98	6.65	6.17	4.1

6.5.3 确定主伐年龄和轮伐期

按照《森林经营方案编制与实施规范》(LY/T 2007—2012)，确定各经营类型主伐年龄和轮伐期(表6-7)。不同树种主伐年龄参考附表21。

表6-7 用材林各经营类型经营周期一览表 年

经营类型名称	主伐年龄	龄级期限
杉木用材林大径材培育经营型	36	5
杉木用材林中小径材一般经营型	26	5
马尾松用材林一般经营型	41	10
湿地松用材林一般经营型	26	5
混交用材林一般经营类型	31	10
工业原料林经营型	15	2
竹林笋材经营型	6	2

6.5.4 测算年伐量

6.5.4.1 计算公式

(1)用材林主伐

对于同龄林来说，需根据各龄级、龄组的面积与蓄积量，采用成熟度计算法公式、第二林龄公式、按量接续采伐成熟林的计算法等方法计算用材林各经营类型的主伐年伐量。

(2)抚育采伐

根据林场的实际情况，确定抚育采伐年伐量测算方法为：

$$年抚育采伐面积=\frac{需抚育采伐面积}{抚育年限} \tag{6-1}$$

$$抚育采伐蓄积量=年抚育采伐面积×抚育采伐每公顷蓄积量×抚育采伐强度 \tag{6-2}$$

(3)低产(效)林采伐

$$年伐面积=\frac{需改造低产低效林面积}{改造年限} \tag{6-3}$$

$$年伐蓄积量=年伐面积×需改造林分每公顷蓄积量 \tag{6-4}$$

(4)毛竹林采伐

$$毛竹年采伐株数=\frac{毛竹总株数×毛竹采伐利用系数}{7} \tag{6-5}$$

考虑毛竹自然损耗、周边村民生活用竹、林中空地需保留 7 年以上老竹等因素，本经理期内毛竹采伐利用系数确定为 0. 8。

6. 5. 4. 2　合理年伐量

(1)主伐量

在计算各经营类型采伐量的基础上，统筹考虑资源情况、林场经营方向等(侧重于生态建设)因素，通过分析论证确定林场在经理期内合理主伐总面积为 150. 18 hm^2，采伐蓄积量 11 671 m^3，年均采伐蓄积量为 1 167 m^3，占林场主伐采伐限额 1 634 m^3 的 71. 4%。

(2)低产林改造采伐

根据林场资源现状，经理期间需安排低产林改造(退化森林修复)面积 1 726. 27 hm^2，其中低产林改造采伐 205. 43 hm^2，经测算需低改采伐总蓄积量为 10 319 m^3，年均采伐蓄积量 1 032 m^3，占林场“十三五”年低产林改造采伐限额 2 953 m^3 的 34. 9%。

(3)抚育采伐量

根据林场资源现状，结合《森林采伐作业规程》(LY/T 1646—2005)中的规定，经理期间需安排抚育采伐面积 2 696. 54 hm^2，经测算需抚育采伐总蓄积量 53 840 m^3，年均采伐蓄积量 5 384 m^3，占林场年抚育采伐限额 20 368 m^3 的 26. 4%。

(4)竹林采伐

林场毛竹林面积 36. 73 hm^2，经理期内规划采伐毛竹 37 850 根，年均采伐毛竹 3 785 根。

(5)公益林合理年伐量

根据公益林的经营原则，本经理期公益林经营主要采取封禁、封育和森林抚育等经营措施，因此本经理期未规划公益林更新采伐和低改采伐等经营活动，为改善林木生长环境，促进林木生长，更好发挥森林生态功能，对需进行抚育采伐的部分林分安排公益林抚育采伐。抚育采伐强度根据《森林采伐作业规程》(LY/T 1646—2005)中的规定，抚育采伐的蓄积强度低于 20%。

6. 5. 5　合理总年伐量的确定及论证

对不同采伐方式采伐量进行汇总，得到经理期内总采伐蓄积量为 75 830 m^3(表 6-8)。

表 6-8 经理期合理采伐量汇总表 m^3

年度	树种	小计		主伐		抚育采伐		低改采伐		毛竹采伐
		蓄积量	出材量	蓄积量	出材量	蓄积量	出材量	蓄积量	出材量	株数
2016	杉	1 003	702			1 003	702			
	松	23	15			23	15			
	阔									
	小计	1 026	717			1 026	717			
2017	杉	729	510	432	302	297	208			
	松	46	30			46	30			
	阔									
	小计	775	540	432	302	344	238			4 731
2018	杉	3 687	2 581	119	83	1 973	1 381	1 595	1 116	
	松	3 976	2 585	221	144	3 252	2 114	503	327	
	阔	22	13					22	13	
	小计	7 685	5 179	341	227	5 225	3 495	2 120	1 457	4 731
2019	杉	4 050	2 835	1 094	766	2 728	1 909	229	160	
	松	4 261	2 769	178	115	3 096	2 012	987	641	
	阔	1 950	1 170	291	175	1 659	995			
	小计	10 261	6 775	1 563	1 056	7 483	4 917	1 216	802	4 731
2020	杉	4 715	3 301	997	698	2 551	1 786	1 167	817	
	松	2 818	1 832	131	85	2 260	1 469	426	277	
	阔	320	192	320	192					
	小计	7 853	5 324	1 449	975	4 812	3 255	1 593	1 094	4 731
2021—2025	杉	31 572	22 100	3 501	2 450	24 807	17 365	3 264	2 285	
	松	13 056	8 486	1 672	1 087	9 257	6 017	2 126	1 382	
	阔	3 602	2 161	2 715	1 629	887	532			
	小计	48 229	32 748	7 888	5 166	34 951	23 914	5 390	3 667	18 925
合计	杉	45 756	32 029	6 143	4 300	33 359	23 351	6 254	4 378	
	松	24 180	15 717	2 202	1 432	17 935	11 658	4 042	2 628	
	阔	5 894	3 537	3 326	1 996	2 546	1 528	22	13	
	小计	75 830	51 283	11 671	7 727	53 840	36 537	10 319	7 019	37 850

其中，2016—2020 年采伐蓄积量为 27 601 m^3，2021—2025 年采伐蓄积量为 48 229 m^3。

①林场用材林可采(主伐)资源与经理期主伐量的比例为 X_1。

$$X_1=\frac{\text{林场用材林近、成、过熟林现有蓄积量}}{\text{用材林主伐蓄积量}}=\frac{49\ 299}{11\ 671}=4.22$$

②本经理期内，林场的用材林按确定的年主伐量进行采伐，到经理期末用材林成熟林蓄积量可富余 37 628 m^3 以上。因此，本经理期确定的用材林年主伐量是合理的。

③用材林年采伐量与年生长量的比例为 X_2。

$$X_2=\frac{\text{用材林年采伐量}}{\text{用材林年生长量}}=\frac{7\ 583}{13\ 243}=0.57$$

④用材林年采伐量是年生长量的 0.57 倍，用材林年采伐量小于年生长量。因此，本经理期规划确定的用材林年采伐量是合理的。

综上所述，规划确定的森林年采伐量有利于改善用材林的年龄结构，提高资源质量，保持用材林可利用资源的相对稳定，有利于森林资源的永续利用与持续发展，因此森林经营方案是科学合理的。

6.6　提交实习成果

①森林功能区划专题图及统计表。

②森林经营类型统计表及专题图。

③以小班为单位的森林经营措施表。

④合理年伐量表(附表 22)及论证结果。

第 7 章　造林规划设计

造林规划设计是根据造林地区的自然、经济和社会条件，在林业用地范围内，对宜林荒山、荒地及其他绿化用地进行调查分析，对造林工作做出全面安排并编制人工造林实施方案的一项技术性工作。在全面调查统计林场森林资源、在林场森林经营总体指导方案基础上，对待造、待改宜林地进行详细的调查，并进行造林规划和专业设计。

7.1　造林规划设计实习任务

①查清规划设计区域内的土地资源和森林资源，森林生长的自然条件和发展林业的社会经济情况。

②分析规划设计区的自然环境和社会经济条件，结合地方经济建设和社会的需求，对造林、育苗、幼林抚育、现有林经营和森林保护提出规划方案，并计算投资、劳力和效益。

③根据实际需求，对造林有关的附属项目进行规划设计，包括造林灌溉工程、林场和营林的规划设计等。

④造林规划设计要确定林业发展目标、造林经营方向以及生产布局安排，落实造林任务，提出保障措施，编制造林规划设计文件等。

7.2　造林地踏查

7.2.1　明确任务

①了解造林地的地理位置、面积大小、林业相关方针政策、营造林种、资金来源与额度和年度安排。

②了解造林区域范围内乡土造林树种、常见病虫害及其他自然灾害、立地特点(气候、土壤、地形和水文等)、生产技术水平及生产措施。

③进行完成设计任务的可行性论证，必要时通过踏查及典型调查以验证原立项文件和设计任务书中规定内容的现实可行性，编制总体设计原则方案，报主管部门审批并得以制订本次调查设计工作细则及进度计划。

7.2.2　收集资料

①收集林业经营的历史资料，如林业区划图、地形图、土壤类型图、土地利用现状图、乡土造林树种及其生物学特性与生态学特性，还包括气象、地形、土壤、地质、水文、病虫害及森林火灾等历史资料。

土地利用现状图

②了解劳力来源与价格、交通状况、小径材销路及价格、木材价格等。

③利用相关仪器获取植被调查、土壤测定及气象观测等数据。

7.2.3　人员组织与培训

①人员组织　根据任务大小来组织技术人员，要求参与人员具有林业专业背景，受过林学专业教育。

②人员培训　学习有关方针政策和林业技术规程，明确任务和要求，对组织的人员进行专业培训(包括立地类型划分主导因子选择、植被调查和土壤测定等统一标准)，要求做到统一调查项目、方法、表格和精度等，制订工作计划与步骤。

7.3　立地类型划分

7.3.1　补充测绘工作

一般用 1∶10 000 比例尺地形图，并配以同比例尺的航片、卫片作宏观参考。如上述图像不能满足外业调查的要求，或图像陈旧，则要求补充测绘。

7.3.2　土地利用规划

与当地政府部门反复研究，明确土地利用规划的原则，将调查区内的山、水、林、田、路，农、林、牧、副、渔业进行全面合理的安排，把土地利用方向落实到地块。明确宜林地的林种布局规划。

7.3.3　实地踏查

①确定造林调查规划设计区域范围及界线，并在地形图上进行标注。

②选择踏查路线　在地形图上选择一至多条踏查路线，踏查路线要通过造林区内所有不同的立地条件，在满足上述条件基础上，踏查路线要最短。

③踏查的主要任务　通过踏查了解并记载造林区域内气候、地貌、土壤、水文、母岩、植被、森林经营概况、病虫害和社会经济状况；掌握设计区内立地因子的变化规律；初步确定立地类型划分的依据。

a. 造林地种类：分为荒山荒地、农耕地、采伐迹地、火烧迹地、已局部更新的造林地、林冠下造林地和采矿迹地等。

b. 造林地的地形条件：记载坡度、坡向、坡位和海拔因子。

c. 造林地小气候特征：结合造林地地形、地势与植被状况，分析记载造林地光照条件和温湿度条件。

d. 幼树组成、数量及分布：采用样方调查方法确定。

e. 地表植被状况：灌木和杂草种类、频度、盖度等，采用样方调查方法进行。

f. 记载具有指示意义的地表植被。

g. 记录可能的限制因子：依位置、地形、地势、土壤、海拔、植被等分析造林地上是否存在如下限制因子。

干旱　坡地上部，山脊，土壤瘠薄，岩石裸露及坡度较大的地段。

水湿　坡地下部，谷地，坡度平缓或山地反坡地段。

霜害　空气流动不畅的沟谷地段，平缓坡地地表植被稀少地段。

风害　依地形分析是否位于风口。

雪害　依地形分析是否为冬季积雪地段。

动物危害　依造林地位置分析牲畜活动，由地表植被受害症状分析病虫害种类及程度。

人类活动频度　依据位置和造林地上的迹象分析人为活动。

作业难度　由地形、地势、海拔、位置、交通状况等分析。

④初步确定立地条件类型划分的主导因子　依据造林区域中立地条件与面积大小，确定立地条件类型划分的主导因子，可以为一至多个。

7.3.4　立地类型划分

①确定立地类型划分的主导因子　根据以上调查结果，分析并确定一至多个立地类型划分的主导因子，如果为多个主导因子，则要形成一个立地条件类型体系。主导因子的排列顺序应遵循其影响范围从大到小的原则。

②主导因子等级划分　分析各立地因子对林木生长的影响，找出影响林木生长发育的主导因子。对入选的各个主导因子进行等级划分(具体方法见第 3 章)。

③编制立地类型表，制作立地类型划分图(图 7-1)。

④初步典型造林设计　根据立地类型，初步设计造林树种、整地方法、造林时间及方法、造林密度等设计造林技术方案。

图 7-1　太子山立地类型划分图

7.4　小班调查与归并

根据第 3 章小班区划的实习成果，对待造林地进行小班调查，主要包括林分与植被调查、土壤调查，并填写造林地小班调查表(表 7-1)和造林作业区现状调查表(表 7-2)。依据小班专业调查的结果，将小班归并到不同立地类型。

表 7-1　造林地小班调查表

县　乡　村　　林班

小班号	面积(hm^2)	地形				土壤				植被								立地类型号	造林典型设计选用代号	备注
										草本		灌木		散生木						
		地形	坡度(°)	坡向	坡位	土层厚(cm)	质地	干湿度	石砾含量(%)	总盖度(%)	优势种	总盖度(%)	优势种	树种	高度(m)	胸径(cm)	每公顷株数			

调查者：　　　　调查日期：

表 7-2　造林作业区现状调查表

<table>
<tr><td>编号：</td><td colspan="2">日期：　年　月　日</td><td colspan="2">调查者：</td></tr>
<tr><td colspan="5">位置：　县(市、区)　乡(镇、林场)　分场村屯(工区)　林班小班细班</td></tr>
<tr><td>地形图图幅号：</td><td colspan="2">比例尺：</td><td colspan="2">公里网范围：东西南北</td></tr>
<tr><td colspan="5">作业区实测面积：　hm²(精确至 0.01)，相当于　亩*(精确至 0.1)</td></tr>
<tr><td colspan="5">造林作业区立地特征：</td></tr>
<tr><td colspan="5">地貌类型：①山地阳坡；②山地阴坡；③山地脊部；④山地沟谷；⑤丘陵；⑥岗地；⑦阶地；⑧河漫滩；⑨平原；⑩其他(具体说明)</td></tr>
<tr><td>海拔：　m</td><td>坡度：　°</td><td colspan="2">坡向：</td><td>坡位：</td></tr>
<tr><td colspan="5">地类：①宜林地；②湿润区沙地；③皆伐迹地；④火烧迹地；⑤疏林地；⑥低价低效林林地；⑦退耕还林地；⑧干旱区有灌溉条件的沙荒地；⑨道路河流沟渠两侧；⑩其他(沼泽地、滩涂、盐碱地等)</td></tr>
<tr><td colspan="5">母岩类型：①第四纪红色或黄色黏土类；②花岗岩类；③页岩、砂页岩类；④砂岩类；⑤紫色砂页岩类；⑥板岩、千纹岩等页岩变质岩类；⑦石灰岩类；⑧玄武岩类</td></tr>
<tr><td colspan="2">土壤类型：</td><td colspan="3">土层厚度(cm)：A1 层，AB 层，B 层，C 层</td></tr>
<tr><td>石砾含量(%)：</td><td>pH 值：</td><td colspan="3">质地：①砂土；②砂壤土；③轻壤土；④中壤土；⑤重壤土；⑥黏土</td></tr>
<tr><td colspan="2">植被类型：</td><td colspan="3">盖度(%)：总盖度　乔木层　灌木层　草本层</td></tr>
</table>

* 1 亩≈0.0667 hm^2。

（续）

主要植物种类中文名(学名)	生活型	多度	盖度(%)	分布状况	高度(cm)

小气候述评(光照、湿度、风害、寒害等)：

需要保护的对象：

树木生长状况及树种选择建议：

社会、经济情况：

总评价(立地条件好坏、利用现状、造林难易程度、有无水土流失风险、有无需要保护的对象，权属是否清楚、交通是否方便、退耕地的耕作制度与收成，适宜的树种、整地方式、栽植配置等)

面积测量野账与略图

填表说明：

①造林作业区立地特征中地貌类型、地类、母岩、土壤质地等项用选择法填写，选择其一，将前面的号码涂黑。其他各项填写实际数值。

②植物种类的生活型分为：高大乔木、乔木、小乔木、灌木、小灌木(处于草本层)、半灌木(冬季部分枝条脱落)、多年生草本、一年生草本、藤本、附生和寄生。

③主要植物的多度记载采用目测法确定，用符号或用文字表示各级多度：soc—植株密集成背景化，cop3—植株数量很多，cop2—植株数量多，cop1—植株尚多，sp—数量少呈散生状，sol—稀少，un—个别。

④主要植物分布状况分为均匀、密布、团状、片状和散生 5 级。

7.5　造林技术设计

面积>0.066 7 hm^2 的地块进行造林设计，造林作业设计以造林作业区为单元编制。造林作业区原则上为一个小班，小班面积过大时，可划分为 2~3 个细班。当相邻或相近的数个小班其立地条件、经营方向和树种选择一致，而小班面积较小时，可合并为一个造林作业区。

典型造林设计依据立地类型进行设计，具体方法参照此处数字资源，按示例填写表 7-3 或表 7-4。本实习以典型造林设计为例开展造林作业设计，一般每个立地类型进行一个典型造林设计和一个替代典型造林设计。

典型造林设计

表 7-3　湿地松(马尾松)×栎类混交用材防护林造林设计示例

<table>
<tr><th colspan="2">造林设计</th><th>造林密度及配置图示</th></tr>
<tr><td>立地类型号</td><td>中山区花岗岩中坡厚土层立地类型</td><td rowspan="14">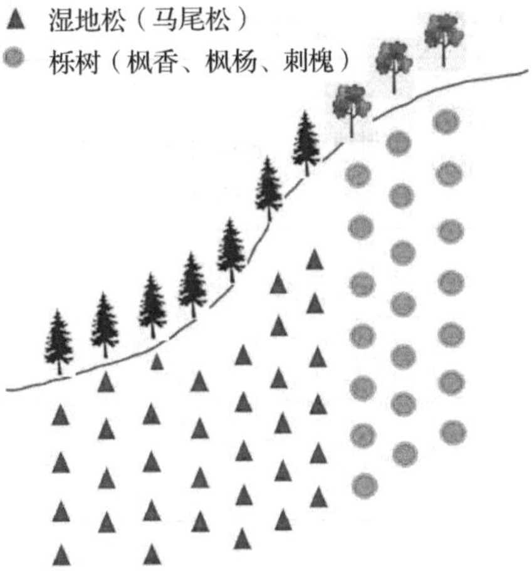
</td></tr>
<tr><td>造林树种</td><td>湿地松(马尾松)×板栗(枫香、枫杨、刺槐)</td></tr>
<tr><td>株行距</td><td>2.2 m×2.2 m</td></tr>
<tr><td>初植密度</td><td>2 000 株/hm^2</td></tr>
<tr><td>混交方式</td><td>小块状混交或带状混交</td></tr>
<tr><td>混交比例</td><td>湿地松(马尾松) 70%，栎类(枫香、枫杨、刺槐)30%</td></tr>
<tr><td>配置方式</td><td>“品”字形配置</td></tr>
<tr><td>林地清理</td><td>不进行林地清理</td></tr>
<tr><td>整地方式
规格</td><td>穴状整地
50 cm×50 cm×50 cm</td></tr>
<tr><td>造林方式</td><td>植苗造林</td></tr>
<tr><td>苗木类型</td><td>实生苗</td></tr>
<tr><td>苗木年龄</td><td>1-0</td></tr>
<tr><td>苗木等级</td><td>Ⅰ、Ⅱ级</td></tr>
<tr><td>幼林抚育</td><td>穴抚</td></tr>
<tr><td colspan="3">注：沿等高线作业，种植点“品”字形配置</td></tr>
</table>

表 7-4　造林典型技术设计表

立地类型	编号	树种	造林时间方法	混交方式	整地方法	苗木规格	株行距及每亩株数	每亩需苗量	抚育管理	其他

7.6　统计表格及投资概算

根据实际情况统计造林所需劳力、种苗、资金、面积和物资，并填写表 7-5 种苗需要量表、表 7-6 劳力畜力机械用工量统计表、表 7-7 造林用工经费概算表和表 7-8 经费预算表。

表 7-5　种苗需要量表

林场营林区　　　　林班

小班	面积（hm^2）	树种	种子		苗木			备注
			每亩用量（kg）	总计用量（kg）	苗龄（年生）	每亩用量（株）	总计用量（株）	

计算者：　　　　　　　年　　月　　日

表 7-6　劳力畜力机械用工量统计表

林场营林区　　　　林班

小班作业面积项目	用工量			备注
	人工日	畜工日	机工日	

计算者：　　　　　　　年　　月　　日

表 7-7　造林用工经费概算表

元

营林区	林班	小班	面积(hm^2)	作业内容												病虫鼠害防治	准备工作	辅助作业	金额合计
				割带		整地		造林		幼林抚育									
								植苗(直播)		第一年		第二年		第三年					
				需工数	金额	需工数	金额	需工数	金额	需工数	金额	需工数	金额	需工数	金额				

表 7-8　经费预算表

序号	项目	计算说明	数量	单位	计算指标	指标组成	经费预算(万元)				
							种苗	物资	劳力	其他	合计
合计											

7.7　基本图绘制及造林任务年度安排

依据小班调查结果制作小班卡，并进行小班卡编号。在地形图上根据林班区划及小班调查结果绘制土地类型现状图(图 7-2)、立地类型分布图(图 7-3)和造林规划设计图(图 7-4)，进行造林顺序、年度任务及劳力安排。在年度任务分配时依据先效益高地段后效益低地段，先易后难地段，先近后远地段，先集中后分散地段的原则进行安排。

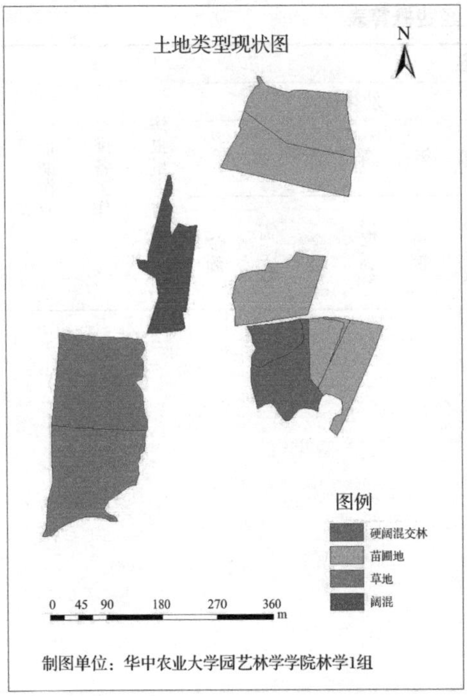

图 7-2 造林地土地类型现状图

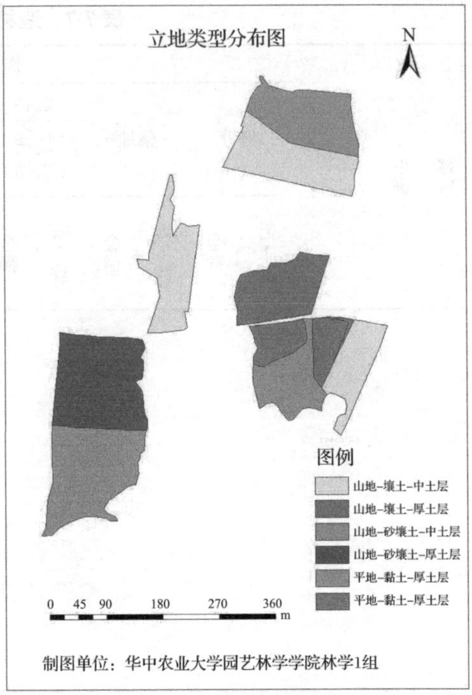

图 7-3 造林地立地类型分布图

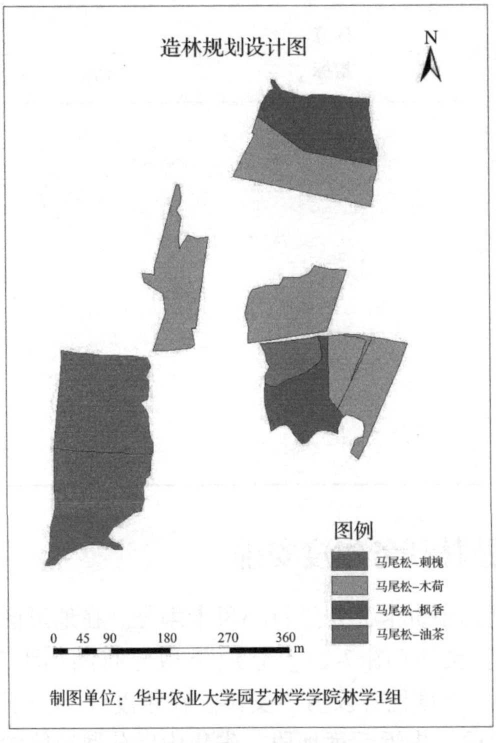

图 7-4 造林规划设计图

7.8　造林调查规划设计说明书编制

造林调查规划设计说明书一般包括：题目、前言、造林设计原则、造林区域自然及社会经济概况、立地类型划分、造林技术设计、造林总工作量及年度施工任务量安排、种苗需要量及年度育苗量、各生产环节用工量及总用工量、投资概算和预期效果分析等部分。各部分基本要求如下：

①题目　一般以造林区域地名加“造林调查规划设计说明书”命名。

②前言　说明任务来源(资金来源)、造林目的(林种)及意义、面积及区域范围、完成造林任务期限等。

③造林设计原则　主要依据造林目的确定造林设计原则，如生态优先、明确目标、因地制宜、遵循植被自然生长规律、森林稳定健康和多功能、采用良种壮苗和先进技术等基本原则；在树种选择上遵循适地适树、适于经营目标、优先选择优良乡土树种等原则。

④造林区域自然及社会经济概况　自然概况需分别表述气候、水文、母岩、地形和土壤等立地条件；社会经济概况需分别表述行政区域、范围、面积、人口、土地利用、交通、劳力和农产品构成等。

⑤立地类型划分　需说明包括立地类型划分的依据、立地类型划分结果及命名，并按示例编制立地类型表(表 7-9)。

表 7-9　湖北省麻城立地类型表

母岩	坡位	土层厚度	立地类型	立地类型号
花岗岩(片麻岩)	上坡	薄土层	中山区花岗岩上坡薄土层立地类型	1
	中坡、下坡	薄土层	中山区花岗岩中坡薄土层立地类型	2
		中土层	中山区花岗岩中坡中土层立地类型	3
		厚土层	中山区花岗岩中坡厚土层立地类型	4
	山凹	中土层	中山区花岗岩山凹中土层立地类型	5
		厚土层	中山区花岗岩山凹厚土层立地类型	6
	山嵴	薄土层	中山区花岗岩山嵴薄土层立地类型	7
石英岩	上坡	薄土层	低山区石英岩上坡薄土层立地类型	8
	中坡、下坡	薄土层	低山区石英岩中坡薄土层立地类型	9
		中土层	低山区石英岩中坡中土层立地类型	10
		厚土层	低山区石英岩中坡厚土层立地类型	11
	山凹	中土层	低山区石英岩山凹中土层立地类型	12
		厚土层	低山区石英岩山凹厚土层立地类型	13
	山嵴	薄土层	低山区石英岩山嵴薄土层立地类型	14
第四纪黏土	中坡、下坡	厚土层	低丘区第四纪黏土中下坡中土层立地类型	15
		薄土层	低丘区第四纪黏土中下坡厚土层立地类型	16

⑥造林技术设计　从技术层面论证造林技术的科学性和合理性。主要从造林整地、造林密度、造林树种组成、混交比例、造林季节、造林方法、幼林抚育管理、幼林保护等方面进行阐述。一般以立地类型为单位，采用造林典型设计进行技术设计。

⑦造林总工作量及年度施工任务量安排　说明造林预计在几年内完成，并说明起止年月。根据造林任务分配到不同年份，列出各年造林面积、各小班或各乡镇村的造林面积、苗木、劳力、资金等。填写相应的表格(表 7-10)。

表 7-10　年度造林作业设计一览表

乡镇(林场、经营所)

作业区	村屯	面积		苗木(株)		种子(kg)		化肥农药(kg)		其他	用工量(工日)	经费(万元)
		公顷	亩	苗木1	苗木2	种子1	种子2	名称1	名称2			

⑧种苗需要量及年度育苗量　说明完成该项造林任务共需要的苗木种类、数量和规格，并详细说明每个造林年份或每个林班所需要的苗木种类、规格和数据量。

⑨各生产环节用工量及总用工量　阐明各个年度育苗、整地、造林和幼林抚育等环节的用工量。

⑩投资概算　阐明完成该项造林任务的总投资，并详细说明各年度用于育苗、整地、造林及幼林抚育的投资额。

⑪预期效果分析　主要说明造林项目带来的综合效益，用数字估量经济和生态效益，分析其社会效益。

⑫后语　在此主要表述造林调查规划设计过程及将来施工过程存在的问题，提出可能解决的方法、森林经营意见与建议。

⑬表格　主要包括造林地面积统计表、造林地立地类型统计表、造林规划表、年度造林任务表、苗木需要量核算表、年度育苗面积规划表、年度种子种条需要量核算表、年度用工概算表和年度投资概算表等。

⑭专题图　包括土地利用现状图、造林区立地类型分布图和造林规划设计图。根据小班调查结果和典型造林设计结果，在土地利用现状图和立地类型分布图的基础上，绘制基于 1∶10 000 地形图遥感影像的造林规划设计图。

造林规划设计图

7.9　终审造林调查设计成果

在调查设计全部成果初稿完成以后，由上级主管部门对设计进行全面审查，修正后上报，批准后实施。

7.10　提交实习成果

实习结束后，须提交造林调查规划设计成果，主要包括造林调查规划设计说明书、专题图(土地利用现状图、立地类型分布图和造林规划设计图)、相关统计表格以及有关专项调查研究报告等。

第8章 抚育采伐作业设计

抚育采伐是根据林分发育、林木竞争、自然稀疏规律及森林培育目标，适时适量采伐部分林木，调整树种组成和林分密度，优化林分结构，以改善林木生长环境条件，促进保留木生长，缩短培育周期的育林措施。它要求在对林分全面调查的基础上，依据森林经营目标、树种特性及所处生长阶段、立地条件和社会经济状况等方面情况，确定抚育采伐方式与强度，并从作业量、技术措施、作业设施和投资收益等方面对抚育采伐作业进行设计。

本章在森林资源调查和统计分析的基础上，使学生明确抚育采伐的任务和作业区范围，针对性地开展森林抚育采伐作业设计的实践，了解森林抚育采伐的一般过程和方法，加深对森林抚育管理措施的理解，学习森林抚育采伐作业设计方法。

8.1 外业调查

抚育采伐作业设计的调查因子包括权属、林种、林分起源、树种组成、年龄、郁闭度、胸径、树高、林分密度、蓄积量、小班面积、乔木树种萌蘖、目的树种更新的幼苗幼树(附表7)、立地因子以及灾害情况等。

8.1.1 现有林分踏查

以森林资源调查数据为基础，根据集中连片原则确定踏查范围。从宏观角度判断现有林分是否应该进行抚育采伐，初步确定抚育采伐强度。并了解现有林分经营历史、当地社会经济状况和抚育采伐材销路等情况。

在实地踏查基础上，根据森林经营目的、林分起源、树种组成、林龄、郁闭度、抚育方式和立地条件等，确定需要抚育采伐的边界及其作业区，并在地形图上标记作业区位置(图8-1)。抚育采伐作业小班面积原则上≤20 hm^2，其面积测量采用1：10 000地形图调绘与GPS绕测。对每个作业小班应实测1~4个GPS控制点，并绘制到地形图上，至少拍摄一张反映林分现实状况的照片备查。同时，做好抚育采伐作业小班的初步区划、抚育采伐方式选择、集运材道路和楞场的确定等。

8.1.2 抚育采伐林分类型划分

抚育采伐分为用材林抚育采伐和防护林抚育采伐。用材林抚育采伐主要包括透光伐和生长伐(包括疏伐、生长伐)；防护林抚育采伐主要包括定株抚育伐和生态疏伐。

8.1.2.1 用材林抚育采伐

(1)适用范围

①下列情况的幼龄林须进行透光抚育

a. 郁闭度在0.9或分布不均郁闭度0.8以上的人工幼龄林。

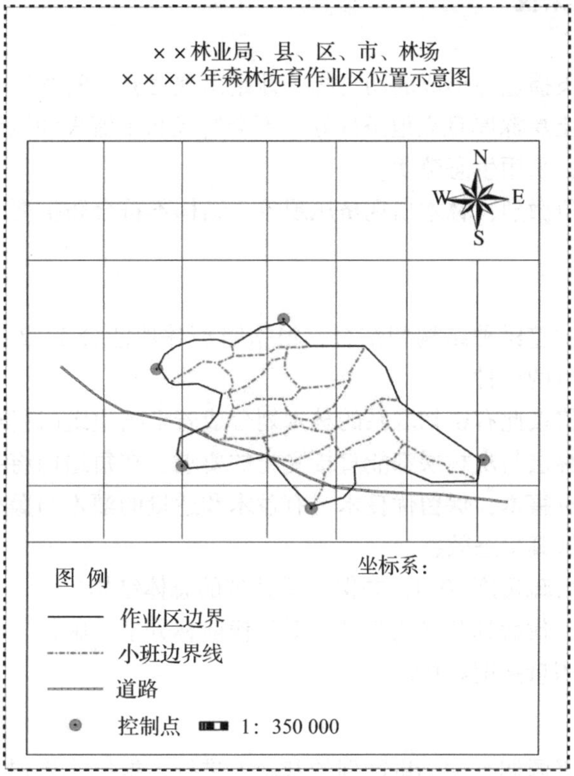

图 8-1　作业区位置示意

b. 郁闭度在 0.8 或分布不均郁闭度 0.7 以上的天然幼龄林。

②下列情况的中龄林须进行生长抚育

a. 郁闭度 0.8 以上。

b. 郁闭度 0.7 以上，下层目的树种幼树较多且分布均匀。

c. 遭受轻度自然灾害、林内卫生状况较差。

(2)技术要求

①透光伐在幼林出现营养空间竞争、林木开始分化时进行；生长伐在林木分化加剧、胸径连年生长量明显下降时进行，一般到近熟龄前作业 1~2 次。

②抚育采伐强度应根据经营目的、立地条件、林分状况等综合因素考虑。抚育采伐强度的确定应掌握陡坡小于缓坡、山地小于平地、北方阳坡小于阴坡和南方阴坡小于阳坡的原则。

③抚育采伐后，人工林郁闭度≥0.6，天然林郁闭度≥0.5，不能造成“天窗”。

④被伐木应选择林分内生长不良、感染病虫害或过密的林木，包括枯立木、被压木、弯曲木、病腐木、多头木、生长过密林木、抑制主要树种生长的其他植物(灌木、藤本、高大草本等)和有害林木。

⑤伐后林分平均胸径不低于伐前林分平均胸径。

⑥抚育的蓄积量强度<20%。

8.1.2.2　防护林抚育采伐

(1)适用范围

①对封山育林、飞播造林形成的幼龄林，开始出现营养空间竞争时进行定株抚育伐。

②对坡度<25°、土层深厚且立地条件好，不会造成水土流失和风蚀沙化，下层木或植被受光困难的中龄林，采用生态疏伐。

③对密度大，竞争激烈，林木出现挤压现象，结构不符合防护要求的林带进行株间抚育采伐。

(2)技术要求

①定株抚育伐与调整树种结构相结合，根据防护林功能分 1~2 次进行，伐除过密幼树，对稀疏地段补植目的树种。

②生态疏伐应先将彼此有密切联系的林木划分成若干植生组(树群)，然后按有利于树冠形成梯度郁闭，主林层与次林层都能直接受光的要求，在每组内将林木分为优良木、有益木和有害木，伐除有害木，保留优良木、有益木和适量的灌木与藤蔓，林分郁闭度保持在 0.6 以上，不能降低其生态效益。

③林带抚育采伐后疏透度>0.4，并保持原林带的总体结构。

④除上层抚育外，伐后林分平均胸径不低于伐前林分平均胸径。

⑤每次抚育的蓄积量强度<20%。

8.1.3　标准地调查

作业设计在前期资源调查和小班区划的基础上进行，根据小班树种、林木分布与生长发育状况，典型或机械布设样地。标准地面积依据地形而定，一般为 0.06~0.10 hm^2。标准地数量分别起源按照作业设计小班面积而定。人工林标准地总面积≥作业设计小班面积的 1%，天然林样地总面积≥作业设计小班面积的 1.5%，且每个小班应至少设置一块标准地。

8.1.3.1　立地条件调查

记录标准地所处的地名、小班号、地理位置，同时调查地形地势，标明山地、丘陵、平原、沙地、坡向、坡位及小地形等。土壤调查包括土壤种类、土层厚度、成土母岩及母质、土壤生物等。地被物调查包括林下灌木和草本种类、分布、盖度、生长情况等，并根据调查结果填写表 8-1。

8.1.3.2　林分调查

(1)每木调查

利用围径尺测定所有林木胸径($D_{1.3}$)(起测径级：幼龄林为 4 cm，中龄林为 6 cm，近熟林为 8 cm)；利用测高器测定所有林木树高(H)(临时标准地可按径阶抽测部分树木树高，每个径阶选测 1~3 株，中央径阶可测 3~5 株，以便绘制树高曲线)；利用皮尺测定东西冠幅($CW_{东西}$)和南北冠幅($CW_{南北}$)；测定第一枝下高(h)。胸径以 2 cm 为单位进行分组，冠径以 0.5 m 为单位进行分组，胸径、冠幅、树高必须一一对应，记入每木调查表中(表 8-2)，并统计填写表 8-3。

表 8-1　抚育间伐小班外业调查表

<table>
<tr><td colspan="3">调查人员：</td><td colspan="3">调查日期：　　年　　月　　日</td></tr>
<tr><td colspan="6">位置：　　　　乡镇(林场)　　　村(林班)　　　小班　　　地理坐标：</td></tr>
<tr><td colspan="6">小班面积：　　　hm^2　起源：　　　土地权属：　　　林木权属：　　　林种：</td></tr>
<tr><td colspan="6">地貌类型：①山地阳坡　②山地阴坡　③山地脊部　④山地沟谷　⑤丘陵
⑥岗地　⑦阶地　⑧河漫滩　⑨平原　⑩其他(具体说明)</td></tr>
<tr><td>海拔：　　　m</td><td>坡度：　　°</td><td colspan="2">坡向：</td><td colspan="2">坡位：</td></tr>
<tr><td colspan="6">目的树种天然更新情况：</td></tr>
<tr><td colspan="6">幼苗、幼树更新频度：　　　株/hm^2，平均年龄：　　　年，生长状况：①良好　②较好　③一般　④较差</td></tr>
<tr><td colspan="3">土壤类型：</td><td colspan="3">土层厚度：　　　cm</td></tr>
<tr><td colspan="3">林下植被调查</td><td>总盖度(%)</td><td>高度(m)</td><td>分布状况</td></tr>
<tr><td colspan="3">主要灌木：</td><td></td><td></td><td></td></tr>
<tr><td colspan="3">主要草本：</td><td></td><td></td><td></td></tr>
<tr><td colspan="6">珍稀物种：</td></tr>
</table>

林分因子调查	小班平均	标准地 1	标准地 2	标准地 3
年龄(年)				
郁闭度				
树种组成				
平均胸径(cm)				
平均树高(m)				
公顷株数				
蓄积量(m^3)				
灌木草本盖度(%)				
灾害发生情况				
目标树株数				
辅助树株数				
干扰树株数				
其他树株数				

表 8-2　森林抚育小班标准地每木调查表

____乡(镇、林场)____村(林班)____小班　　标准地号____　　标准地面积____　　起源______

编号	树种名称	胸径	树高	林木分类	林木分级	材积

调查人员：　　　　　　　　　　　　　　　　调查日期　　　年　　月　　日

表 8-3　森林抚育采伐小班标准地每木调查汇总表

______乡(镇、林场)______ 村(林班)______小班　标准地号______　标准地面积______　起源______

树种													调查结论
径阶	保留木		有害木		保留木		有害木		保留木		有害木		
	株数	材积	株数	材积	株数	材积	株数	材积	株数	材积	株数	材积	
6													一、林分现状： 1. 树种组成 2. 林龄年 3. 平均树高(m) 4. 平均胸径(cm) 5. 郁闭度 6. 单位面积株数(株/hm²) 7. 单位蓄积量(m³/hm²) 二、采伐强度： 1. 按株数(%) 2. 按蓄积量(%) 三、保留： 1. 树种组成 2. 平均胸径(cm) 3. 郁闭度 4. 单位面积株数(株/hm²) 5. 单位蓄积量(m³/hm²)
8													
10													
12													
14													
16													
18													
20													
22													
24													
26													
28													
30													
32													
34													
36													
平均直径(cm)													
平均树高(m)													
单位蓄积量(m^3/hm^2)													

计算：　　　　检查：　　　　　　　　　　　　年　　月　　日

(2)郁闭度

采用树冠投影法测定郁闭度。在标准地内先选取有代表性的地段，设 10 m×10 m 的样方，四边用测绳围，并设标桩，每边的测绳分 10 等分，然后在两对应的边上，每隔 1 m 拉一根测绳，则得 100 块 1 m^2 的方格，在方格内将所有林木分别进行定位，并逐株测量上、下、左、右 4 个方向的冠幅和活枝枝下高。在方格坐标纸上按 1∶50 的比例将样方内的树木位置，按比例定位在方格纸上，用符号"△"代表该林木的投影位置，再将该林木 4 个方向测得的冠幅按比例定 4 个点，用封闭曲线将 4 个点连接起来，即为该林木之间的树冠投影。最后从方格纸上计算树冠投影总面积与林地面积的比值得到郁闭度。

(3)林木分级

对标准地内的所有林木按生长分级法分级，根据克拉夫特分级法分成五级，或按三级分类法分成三级。

(4)健康及干形调查

调查标准地内各林木的健康状况或病虫害程度及干形情况，包含有无枯梢、断梢、弯曲等。

8.2 标准地各林分因子的计算

(1)林龄

天然林中各林木的年龄不超过一个龄级时，划分为同龄林；超过一个龄级时，划分为异龄林。林木平均年龄的计算通常采用断面积加权平均法[式(8-1)]：

$$A=\frac{a_1G_1+a_2G_2+\cdots+a_nG_n}{G_1+G_2+\cdots+G_n}=\frac{\sum_{i=1}^{n}aG}{\sum_{i=1}^{n}} \tag{8-1}$$

式中，A 为平均年龄；a_i 为第 i 径级树木年龄；G_i为第 i 径级树木的断面积合计；n 为径级个数。

(2)平均直径

根据每木测定的结果，依 2 cm 为一径阶，按径阶统计株数，小数点后的数字按四舍五入法处理，统计时按径阶表示株数的记号可用画“正”字法，每一“正”字表示 5 株，统计好后得各个径阶的株数合计，在“圆面积合计表”(森林调查常用表)中直接查得每个径阶的圆面积，把各个径阶的圆面积合计相加，得标准地总断面积，被标准地总株数除，得平均断面积[式(8-2)]，依据平均断面积，反查“圆面积—直径表”，其相应的直径即标准地平均直径。

$$g=\frac{G_1+G_2+\cdots+G_n}{N}=\frac{\sum_{i=1}^{n}G_i}{N} \tag{8-2}$$

式中，g 为平均断面积；G_i 为第 i 径级断面积合计；n 为径级的个数；N 为林木总数。

(3)平均树高

按径阶求出每个径阶内树高平均值，在方格坐标纸上以横轴表示直径，纵轴表示树高，把各个径阶树高平均值标在坐标纸上，根据趋势绘一条匀滑曲线，再利用已求出的林分平均直径，在曲线上读出相应树高，即得标准地林分平均高。

(4)郁闭度

将方格纸上绘测的样方林冠投影图取出，先计算林冠投影所占方格面积与样方在方格纸上所应占有的方格面积之比，即为标准地总郁闭度。再从方格纸上计算林冠重叠部分面积，与样方林冠投影总面积之比，则得树冠重叠度。

(5)树冠长度

林木全高与活枝下高之差即为树冠长度。

(6)材积(标准地蓄积量)

根据林分平均高和总断面积，按实验形数公式[式(8-3)]，算出标准地蓄积量。

$$M=G(H+3)+F_2 \tag{8-3}$$

式中，M 为标准地蓄积量；G 为林分总断面积；H 为林分平均高；F_2 为主要乔木树种实验形数表查得。

(7)疏密度

疏密度是由现实林分的单位面积蓄积量(或断面积)与模式林分每公顷蓄积量(或断面积)相比求得。

8.3 标准木的选择与伐倒测定

对标准木进行树干解析工作，具体方法见第4章。得到的胸径、树高和材积的连年生长量和平均生长量过程曲线(图8-2)，为确定是否抚育采伐、抚育采伐强度及出材量等提供依据。

林分生长量的测定要选取3~5株标准木作树干解析，标准木选取时可根据标准地平均树高和平均直径选取标准木，也可以采用径阶代表木法选定标准木。

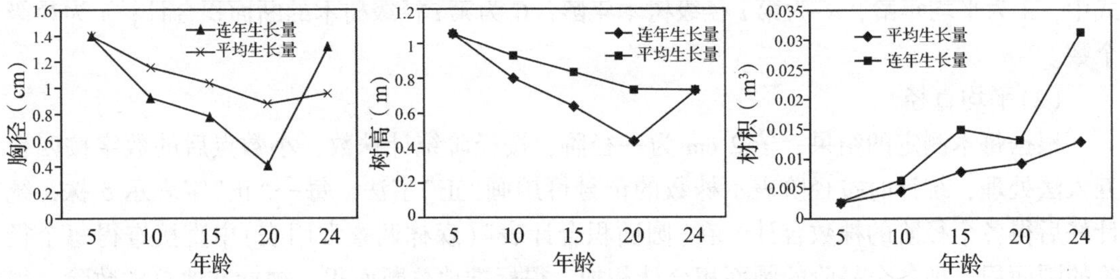

图8-2 胸径、树高和材积的连年生长量和平均生长量过程曲线

8.4 抚育采伐强度的确定

8.4.1 定性抚育采伐

(1)按林木分级确定抚育采伐强度

利用克拉夫特分级法，弱度抚育采伐，只采伐Ⅴ级木；中度抚育采伐，砍伐Ⅴ级木和Ⅳ乙级木；强度抚育采伐，砍伐全部Ⅴ级木和Ⅳ级木。

(2)根据林分郁闭度和疏密度确定抚育采伐强度

当林分郁闭度或疏密度达到0.9左右时，应该抚育采伐，一般控制在保留郁闭度0.6和疏密度0.7以上。

8.4.2 定量抚育采伐

(1)依据胸高直径确定抚育采伐强度(乌道特方法)

由林木胸径计算林分适宜密度[式(8-4)]，再由现实林分密度与林分适宜密度求抚育采伐强度 ΔN[式(8-5)]。

$$N_{适}=\frac{10\ 000}{0.164d^{\frac{3}{2}}} \tag{8-4}$$

$$\Delta N=N_{适}-N_{现} \tag{8-5}$$

式中，d 为平均胸高直径；$N_{适}$ 为适宜密度；$N_{现}$ 为现实密度；ΔN 为抚育采伐株数。

(2)依据树冠系数确定抚育采伐强度

由标准地资料计算树冠系数[式(8-6)]，再由树冠系数根据式(8-7)计算林分适宜密度，由现实林分密度 $N_{现}$ 与 $N_{适}$ 求抚育采伐强度 ΔN。

$$树冠系数=\frac{H}{D} \tag{8-6}$$

$$N_{适}=\frac{10\,000}{\left(\frac{H}{5}\right)^2} \tag{8-7}$$

$$\Delta N= N_{适}-N_{现}$$

式中，H 为平均树高；$N_{适}$ 为适宜密度；$N_{现}$ 为现实密度；ΔN 为抚育采伐株数。

(3)依据冠幅大小确定抚育采伐强度

依据标准地资料，计算林分的平均树冠[式(8-8)]与树冠面积[式(8-9)]大小，进而计算林分适宜密度[式(8-10)]，由现实林分密度与林分适宜密度求抚育采伐强度 ΔN。

$$CW=\frac{\sum_{i=1}^{n} CW_i}{n} \tag{8-8}$$

$$S=\frac{\pi CW^2}{4} \tag{8-9}$$

$$N_{适}=\frac{10\,000}{S} \tag{8-10}$$

$$\Delta N= N_{适}-N_{现}$$

式中，CW 为平均冠幅；i 为林木株数；S 为平均树冠面积；$N_{适}$ 为适宜密度；$N_{现}$ 为现实密度；ΔN 为抚育采伐株数。

ΔN 可为正值，也可为负值。ΔN 为正值时，即为砍伐每公顷株数；ΔN 为负值时即为补植每公顷株数。

(4)根据林分密度管理图表确定抚育采伐强度

根据树种、立地、年龄和培育目的编制的密度管理图，以及现实林分的平均胸径，查出林分应该保留的最大密度。当现实林分密度大于应该保留的最大密度时，即可抚育采伐，并算出抚育采伐强度。

8.5　抚育采伐方式与抚育采伐强度论证

8.5.1　采伐木确定原则

①砍除非目的树种，保留目的树种。

②砍除弯曲树木，保留直立树木，砍除品质低劣木(双杈木、多梢木、霸王木)以及生长落后林木(弯曲木、偏冠木、多节木)，保留生长快、高大、圆满通直、少节林木。

③砍除小径级树木，保留大径级树木。

④砍除病腐木、枯立木、濒死木、被压木、弯曲木、分杈木、老狼木和病虫害木等。

8.5.2　抚育采伐强度

根据造林目的、立地条件、树种特性、生长阶段、林分特性、集约经营程度、轮伐期、劳力及其价格、小径材销路及其价格、交通等因素，综合确定抚育采伐方式与抚育采伐强度。可用采伐木的株数或材积计算抚育采伐强度。

(1)按株数计算采伐强度

$$P_n = \frac{n}{N} \times 100\% \tag{8-11}$$

式中，P_n 为采伐强度；n 为采伐木株数；N 为标准地总株数。

(2)按材积计算采伐强度

$$P_v = \frac{v}{V} \times 100\% \tag{8-12}$$

式中，P_v 为采伐强度；v 为采伐木材积；V 为标准地总蓄积量。

8.6 抚育采伐作业施工设计

抚育采伐作业的施工工序包括伐木、打枝、造材、检尺、集材、抚育采伐迹地清理等。抚育采伐时，应严格掌握倒树方向，不要损伤保留木，一般在山地时，倒树方向应朝下坡。造材时，应根据本地区常用材种规格进行合理造材。按不同材种规格要求，进行造材并检尺小头直径，记入采伐木造材表(表8-4)，将造材全部收集到运材道旁。枝材、梢头材可作薪柴用，一般以重量计，经称重后，移出林地利用。在施工过程中应分别工序测定施工定额和总用工量，以便核算收益。

表 8-4 采伐木造材表

距树干底断面的高度(m)	直径(cm)			最近年内直径生长	材积(m^3)			材种名称	长度(m)	小头直径(cm)		大头直径(cm)		占带皮树干材积百分比(%)	
	带皮	去皮	年前		带皮	去皮	年前			带皮	去皮	带皮	去皮	带皮	去皮
根径															
伐根															
胸径															
								用材部分合计							
								用材部分树皮材积							
								薪材部分合计							
								梢头木							
								总计							
								材种缺陷的简要记载(绘图说明)：							
总计								测定日期： 年 月 日 调查员：							

8.7 抚育措施的确定

(1)生长抚育

一般在中龄林中进行，目的为加速目的树种生长。根据林分特点，可选用下列抚育方法。

①下层抚育 适合单层林。按自然稀疏规律，伐除生长不良的被压木、濒死木和病腐木，保留有利于目的树种更新的小乔木。

②上层抚育 适合复层林。伐除影响目的树种生长的上层次要树种、被压木、濒死木，保留有利于目的树种生长的大部分中径级次要树种。

③综合抚育 适合择伐后形成的复层林。调整林木的组成，间密留均，留优去劣，促进各层林木的生长。

④机械抚育 适合林木分化不明显的人工林。根据林分情况，采取隔行或隔株抚育采伐的方法调整林木的营养面积。

(2)人工整枝

在天然整枝不良的林分中进行整枝。通过砍去林冠下部的枯枝和濒死枝，培育通直的优质木材。幼龄林保持枝下高占树高的 1/3，中龄林保持枝下高占树高的 1/2。整枝切口要平滑，不能留短枝和损伤树皮。

8.8 集材作业设计

(1)集运材线路的选择

充分利用作业区原有的林区公路干线和支线，力求线路少、集运距离短、经济实用。

(2)楞场的选择

根据木材产量和运输条件，确定山场集材点和中间集材点。楞场设在地势平坦、排水良好、与集运材道路相衔接；面积大小与作业区出材量相适应，出材量不大无须设置专门的楞场，尽量考虑缩短集材距离，避免逆坡集材。

(3)工棚房屋的修筑

作业区内或附近有房屋时，尽量加以利用，如需修建时应注意将工棚、房屋设置在交通方便、靠近水源、干燥通风且生产生活方便的地段。

8.9 作业设计图绘制及作业设计表统计

8.9.1 调查资料检查与整理

重点检查和整理小班标准地调查汇总表(表 8-5)，特别要注意各调查项目有无错误和遗漏。

8.9.2 作业设计图的绘制

根据作业设计调查记录、草图和林分调查因子绘制抚育作业设计图(图 8-3)，它是实施作业的主要材料之一，比例尺一般为 1 : 5 000 或 1 : 10 000，图例要清晰明确，图内应

表 8-5 标准地调查资料汇总表

标准地号	组成树种(株数/蓄积量)	平均年龄(年)	平均胸径(cm)	平均树高(m)	郁闭度	采伐强度(%)		出材率(%)
						株数	蓄积量(m^3)	
总计								
平均								

调查： 计算： 年 月 日

包括各种测线、明显的地标物、山脉河流、道路、主要集运材道路、工棚、山楞及标准地位置等。各小班的标记图式为：$\frac{\text{小班号、面积、出材量}}{\text{树种、林龄、蓄积量}}$。

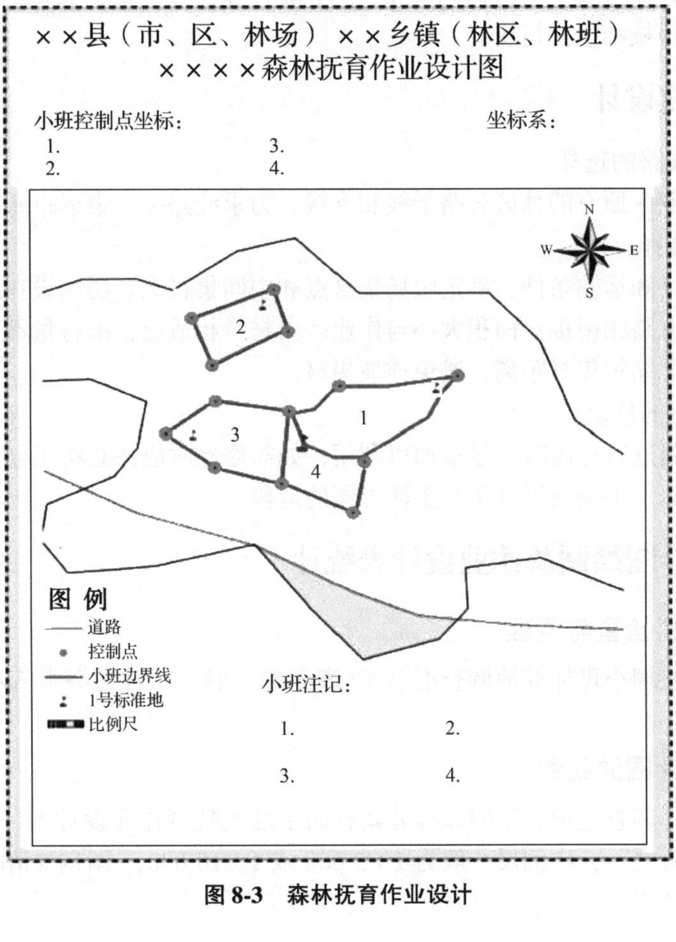

图 8-3 森林抚育作业设计

8.9.3 编制作业设计表

根据外业调查和收集的有关资料，进行整理、计算、分析和设计并填写对应表格。

①计算作业面积、出材量。按区划作业小班计算面积，确定抚育方法和抚育采伐木选择的原则，把抚育采伐强度和出材等填入抚育采伐作业区一览表(表 8-6)，同时根据生产条件和劳力来源情况，确定适宜的作业时间，并编制作业进度表，以便指导生产。

②根据各项作业设施的数量、用工量和造价，填写作业施工一览表(表 8-7)。

③根据工具及作业物资需要量，填写工具及作业物资需要量表(表 8-8)。

④计算劳力需要量，填写劳力需要量表(表 8-9)。

⑤计算各项作业费用和收支概算，填写收支概算表(表 8-10)。

8.10 作业设计说明书编制

说明书是作业设计的重要文字材料，编写作业设计说明书应简明扼要，主要包括以下内容：

(1)封面

包括设计题目、设计单位、设计人员、设计时间，如××县(林业局、国有林场)××年度森林抚育作业设计；设计单位应注明××省(自治区、直辖市、森工集团)××县(旗、林业局)；设计时间应注明×××年××月。

(2)前言

简要说明设计的目的、意义、任务来源、原则及设计工作的时间、地点、主要内容、目的要求以及规划设计的概况等。

(3)设计区的基本情况

说明抚育采伐林分的情况(地理位置、自然历史条件、林分特征、既往森林经营活动等)、作业区所在地的社会经济条件、劳动力、林业生产、森林资源现状、交通运输条件，分析抚育采伐的必要性与可能性等。

(4)抚育采伐技术措施设计的依据

说明调查设计时间、调查设计依据、调查方法及其精确度、抚育采伐方法、抚育采伐强度、出材量、作业设计情况、采伐木分配利用意见、下次抚育采伐的时间等。

(5)施工方面的说明

说明抚育采伐的时间、劳力来源、劳动力报酬支付方式、施工中应注意事项以及其他有关生产和物资方面的意见。

(6)成本预算与效益分析

说明抚育采伐作业费用的计算依据、产品值及纯收益等，计算各项作业的费用，分析抚育采伐的经济、社会、生态效益。抚育采伐作业设计初步完成后，要呈报上级主管部门批准后，方可根据此设计进行施工。

(7)附表和附图

附表主要包括各小班现状调查表、抚育技术设计表、工程量表、投资概算表等；附图主要包括抚育作业布局图、小班作业设计图等。

表 8-6 抚育采伐作业区一览表

小班号	伐前林分情况								抚育采伐情况				抚育采伐后		
	小班面积(hm²)	林龄(年)	林木组成	株数	平均胸径(cm)	平均高(m)	郁闭度	蓄积量(m^3)	抚育采伐方法	抚育采伐株数	抚育采伐蓄积量(m^3)	出材量(m^3)	株数	蓄积量(m^3)	郁闭度

表 8-7 作业施工一览表

项目	位置或起止点	新修	补修	规格	数量	控制量		用工量	造价			完成期限	说明
						容纳人数	木材量		单价	单位	合计		

表 8-8 工具及作业物资需要量表

名称	计算单位	数量(个)	规格	金额(元)		说明
				单价	合计	

表 8-9　劳力需要量表

项目	作业工作量	定额	需用工日	作业天数	折合劳力	最多参加人数	说明

表 8-10　收支概算表

元

收入			支出								盈亏情况
抚育采伐材	薪材	合计	工资		作业施工费用	物资材料费	管理费	运杂费	作业费合计	成本	
			基本工资	补助工资							

8.11　提交实习成果

①抚育采伐作业设计说明书。

②实习数据统计表格(表 8-1 至表 8-12)及附图等，作为附件材料附在报告之后。

表 8-11 森林抚育作业设计汇总表

乡镇(林场)	作业面积(hm^2)									辅助设施				采伐蓄积量(m^3)	出材量(m^3)	用工量	投资概算(万元)		
	合计	透光伐	疏伐	生长伐	卫生伐	补植	人工促进天然更新	割灌除草	综合抚育	作业道路	集材道路	临时楞场	临时工棚				小计	国家补贴资金	地方配套资金
合计																			

表 8-12 森林抚育作业设计一览表

乡镇(林场)	村(林班)	小班号	小班面积(hm^2)	抚育方式	林种	郁闭度		目的树种平均胸径(cm)		目的树种和辅助树种株数比例(%)		公顷林木株数		抚育采伐强度		出材量(m^3)	补植		修枝株数	割灌除草穴数	浇水量	施肥(kg)		用工量	剩余物清理量	投资概算(元)
						作业前	作业后	作业前	作业后	作业前	作业后	作业前	作业后	株数	蓄积量(m^3)		树种	株数				种类	数量			
合计																										

第9章　苗圃调查规划设计

苗圃(seedling nursery)是林业生产的基本建设项目之一，苗圃调查规划设计实习的目的是要求学生运用苗木培育的理论及所学过的专业基础知识，结合生产实践、苗圃生产目的及拟建苗圃的实际条件，进行苗圃设计。包括以下几个方面：了解掌握苗圃的自然条件与经营条件特点及其与育苗技术措施的关系；育苗技术设计，进行育苗成本计算，填写相应的计算表，绘制苗圃平面区划图；撰写苗圃调查规划设计说明书。本次苗圃规划设计实习应在满足造林规划中种苗需求的基础上，结合实际市场需求、研究需要等进行。

9.1　苗圃地的调查

9.1.1　准备工作

准备工作是作好勘测工作的前提，一般在建立苗圃之前应做好下列准备工作。

(1)概况了解

对拟建苗圃进行概况了解，包括苗圃建立的期限、苗圃大小、经费来源、苗圃生产任务、苗木种类、生产方式和必要的建筑工程及设备等。

(2)收集资料

收集包括地形图、土地利用规划图、土壤分布图、植被分布图、气象资料、病虫害资料、社会经济条件的资料等，以及育苗经验总结和新技术资料。

(3)工具准备

主要准备测绘用具(如GPS、罗盘仪、标杆、测绳等)和土壤调查用具(如土壤铲、土壤筛、环刀、土钻等)。

(4)踏查

通过踏查，了解拟建苗圃地区的特点，为详细勘测打下基础。在进行踏查时，应取得当地有关部门的协助，并聘请当地有经验的人协同进行，同时有相关专业人员参与并携带必要的工具和仪器。踏查采取全面了解，必要时配合路线调查的方法进行，通过踏查应完成以下工作：

①了解建苗圃的范围和界线，并校对原有图面材料的正确性，以此作为安排测量工作的基础。

②了解拟建苗圃地区的土壤、植被、病虫害及土壤利用(包括前作)情况。

③了解拟建苗圃或附近的水源情况，是否有用于满足育苗灌溉及利用的措施。

④了解拟建苗圃周围农业生产(包括使用的机具)情况与其他生产概况，为征得临时劳力、修理机具获取信息。

(5)情况通报

除向上级汇报外，还须向全体参加苗圃建设人员介绍情况，然后学习有关材料和制订勘测计划。

9.1.2 详细勘测

通过对苗圃地详细勘测为苗圃设计提供资料依据，勘测的工作内容、步骤、方法和要求简述如下。

(1)圃地测量

测量工作是根据拟建苗圃地区的地形情况，按一定的精度和比例尺测绘平面图或地形图，以便为其他调查项目和苗圃区划时应用。一般比例尺为1∶2 000~1∶500，等高线间隔距离为0.5~1.0 m。

(2)土壤调查

土壤调查的目的是查明苗圃地区土壤的类型和分布规律，并为苗圃区划、土壤改良、整地和施肥等工作提供资料。土壤调查是按路线调查进行的，调查时按踏查及图面材料所提供信息初步确定调查路线。

到达现场后，先对照地图确定自己所在位置，然后按拟定的路线进行调查。剖面位置应在不同的植物群落和地形部位上，要求有代表性，不宜在沟边、路旁、建筑物附近等处设置剖面。挖土壤剖面的数目，应根据苗圃地土壤的复杂性而定，一般是在100 km^2的面积上，挖10~15个主副剖面。所有的剖面都要标定在图面材料相应的位置上，并标注土壤剖面号。同时，以土壤变种为单位进行土壤分布草图的勾绘工作。勾绘时，按地形与植物群落的相互关系，依次对照剖面，确定边界或明显的自然界线，用目测方法勾绘在地形图(或平面图)上。作土壤分布图时，若比例尺为1∶2 000，其小区最小面积为0.4 km^2，<0.4 km^2的地段可划为副区。

土壤调查外业结束后，还应进行以下工作：

①为了说明苗圃地的土壤情况，应选取代表面最广，发生层次完整和剖面形态特征明显的样本进行分析，以确定腐殖质、氮、磷、钾等的含量，若是水渍化土壤，还要确定水浸出物的含量。

②将外业调查记录加以整理使之系统化，并根据外业资料及实验室分析结果，确定土壤名称、土壤理化性质与肥力状况，同时绘制出土壤分布图。

(3)水文调查

水文调查的目的在于确定苗圃地的地下水位和所含的其他化学成分。调查时可与土壤调查同时进行，其方法是将剖面钻到一定深度，注意观察出水深度以确定地下水位的深度，选取水样，测定其所含化学成分。

若圃地内或附近有井时，应将井的位置勾绘在地形图上。并记载水井位置、圃地与水井的距离、井水深度、井底岩石种类。根据分析结果确定水的质量、井的出水量、水井的情况及用途等。

(4)植被调查

通过调查拟建苗圃区域内的草本植物，了解不同自然条件下的主要植物群落，种类组成和其生长情况，以及与培育苗木的关系，为拟定清除杂草措施提供依据。

植被调查一般可与土壤调查同时进行。当对某些植物的生物学特性不够了解时，可利用土壤剖面确定其根系分布情况，并勾绘植物分布图。

植物调查的方法多样，有经验者多用目测法进行。若为了更准确地确定杂草的种类、覆盖度和生长情况，宜采用样方法调查。样方的面积为 1 m×1 m，样方调查与记载按地类、坡向、坡度、土壤类型、植物群落名称、覆盖度等顺序进行。再分别记载各种植物的名称、覆盖度(用密集、稀少、单株表示)、平均高、生长情况、新枝形成特点、根系分布情况等。

在勾绘植物分布图时，若土壤有多种类型，需了解其前序使用情况，若是农耕地，要了解前茬种植的作物种类；若是撂荒地，要了解撂荒地的年限；若是荒草地，要了解居民的经济活动和放牧情况。

(5)病虫害调查

病虫害调查在于查明圃地及周围有哪些病虫害，确定蔓延程度及进一步扩大的可能性，以便拟定土壤消毒的方法，并为确定防治措施提供依据。

详细勘测结束后，应对勘测和收集的材料进行整理，以备苗圃设计时使用。同时编写出调查设计说明书，并对苗圃的生产任务、建筑工程、设备、灌溉等主要问题提出建议。待有关部门批示后，即可进行设计工作。

9.2　苗圃设计

苗圃设计是根据最新的科学技术成果，拟定苗圃若干年内的业务工作。其目的在于更好地开展与安排苗圃工作，以便在最短的时间内，用最低的成本培育出优质高产的苗木。

9.2.1　苗圃设计的前提

①苗圃面积与任务。

②培育苗木的种类，每年培育的数量和出圃规格。

③生产方式和灌溉方式。

④必要的建筑工程和设备。

⑤苗圃的人员编制。

⑥人工日、畜工日和机工日的单价。

⑦各种机具的折旧规定。

9.2.2　苗圃设计的根据

①建立苗圃的任务。

②各种图面材料(地形图或平面图、土壤图、植被图等)。

③苗圃所在地区自然条件的材料。

④苗圃所在地区的育苗技术资料。

⑤苗圃附近气象台(站)的有关气象资料。

⑥有关育苗的最新科学技术成就和科研资料。

9.2.3　苗圃设计的内容和方法

当圃地选定后，应根据其各方面的条件、选定苗木的树种特性、育苗方法和每年计划生产的任务进行合理的区划和设计。把生产用地和非生产用地进行合理布局。

(1)非生产用地

①道路网　包括主道、支道、步道和周围圃道。设计道路既要考虑车辆通行的方便，

又要尽可能降低用地面积。

a. 主道：指苗圃中央，苗圃运输用的车辆通行的一条主要道路。大型苗圃主道通常宽6~8 m(可以对开卡车)，中小型苗圃主道通常宽为2~4 m。

b. 支道：也称副道，它与主道垂直或在主道两侧，通常宽1~4 m。

c. 步道：指便于通行，设在耕作区和小区之间的道路，通常宽0.7~1 m。

d. 周围圃道：设在防护林带时其宽度可依据实际情况而定。

②灌溉系统　固定苗圃一般都设置灌溉系统。灌溉的水源尽量用河水、湖水、池塘水或井水。灌溉方法有以下几种：

a. 漫灌与侧方灌溉：漫灌与侧方灌溉要设置渠道，渠道与道路系统一致。

b. 喷灌与滴灌：这种灌溉方式能节约用水，但费用高。

③排水系统　排水通常采用排水沟的方式。排水沟包括主沟、支沟及小沟。

a. 主沟：分布主道两侧。

b. 支沟：分布支道两侧。

c. 小沟：与苗床和小区的步道相结合。

④防风林带　能降低风速，减少地面蒸发和苗木蒸腾。通常苗圃面积为20~30 hm^2时，四周的林带需宽8~10 m；面积更大时，除周围设置环圃林带外，还应在圃内结合道路等设置与主风方向垂直的辅助林带。

⑤建筑物和场院

a. 建筑物：办公室、宿舍、仓库、种子贮藏室、苗木分级室、气象观测场和车库。

b. 场院：晾晒场和积肥场。

(2)生产用地

①苗木生产区

a. 播种苗区：是培养播种苗的生产区。播种育苗可采取细致的管理。土壤较肥、通气良好，靠水源近，地势平坦，排灌方便的地段。

b. 营养繁殖苗区：可以设在土壤深厚，土壤疏松地段。

c. 移植苗区(大苗)：设在土壤肥力相对差的地段。

d. 采穗圃：同播种苗区。

②耕作区　根据耕作的面积而划分。如某一苗木生产区的面积太大时，为耕作方便，可将其划分几个小区，划分标准如下：

a. 小型苗圃：每一耕作区面积为0.2~1 hm^2，耕作长度50~200 m。

b. 中型苗圃：每一耕作区面积为1~3 hm^2，耕作长度100~300 m。

c. 大型苗圃：每一耕作区面积为>3 hm^2，耕作长度>300 m。

9.3　编写苗圃调查规划设计说明书

根据苗圃课程设计内容，应编写设计说明书。说明书可分总论、设计部分和苗木成本计算3个部分编写。

9.3.1　总论

总论主要分析苗圃的经营条件和自然条件，以及分析对育苗工作的有利因素和不利因素，并提出在育苗技术上应注意的主要问题。

9.3.1.1 经营条件分析

①苗圃所在地区的位置　说明苗圃的名称，所在省、县、乡和具体地名；说明苗圃距居民点的距离，人类活动对于苗圃基本建设的影响以及说明季节工人的来源等。

②苗圃的交通条件　说明苗圃距铁路、公路、河流的距离，分析其对苗圃运输工作的作用。

③说明苗圃水源、电源所在地与苗圃基本建设的关系等。包括水源地位置、类型、储水及季节性供水条件等。

④指出苗圃机械化的可能条件，包括自然条件和经济条件的分析，如是否借用和购置机械等问题。另外，还应说明在整个育苗过程中可达到机械化的程度等。

⑤说明苗圃地附近有无天然屏障，如天然林或防护林带等，并指出有无必要设置防护林带。

9.3.1.2 自然条件分析

根据调查得到的气候、土壤、地形与水源、病虫害及杂草等资料，指出育苗技术的重要问题，如整地、轮作、施肥以及其他育苗技术应注意的主要问题(这里不写具体措施)。例如，联系到整地问题时，只需指出根据其特点选取合适的耕作制即可，具体耕作细节，将在每年的育苗技术中详细说明。

(1)气候

根据离苗圃最近的气象站 10 年来的观测资料，说明当地气候条件的特征。其中应包括：每月气温与气温在 0 ℃以上的天数、每月降水量及降水天数、每月土壤温度(不同深度)、每月蒸发量及相对湿度、降雪开始和终止的日期、降雪厚度、地面封冰的起止日期、初霜和终霜的日期，每月主风方向和风速等。除了以上气象资料外，如果当地科学研究单位及试验单位有物候观测方面的材料，也应采用。

综合所收集的材料，便可确定当地气候条件，如年平均降水量、降水特点、植物生长期的降水量、全年及植物生长期的蒸发量、气温在 0 ℃以上的天数、植物生长期的平均气温等。根据这些资料，就可说明气候条件对苗木培育的影响，提出防止各种不良气候因子的必要措施。

(2)土壤

根据土壤分布图和土壤分析资料，说明圃地的土壤种类、分布特点和不同土壤的 A 土层厚度、质地、结构及土壤养分等。从而确定土壤的适用性，并拟定在土壤管理上应采取的措施(如耕作、换茬、施肥等的原则和改善土壤结构等)。

(3)地形与水源

说明地形条件及其与育苗的关系，可利用水源(如河流、湖泊等)的情况及分布位置、地下水位等及其与育苗的关系。

(4)病虫害

根据调查圃地及其周围病虫害的种类，明确蔓延程度及进一步扩大的可能性。拟定在培育苗木前应采取的措施和土壤消毒的方法，以及规划在苗木培育过程中防治应对措施等。

(5)杂草

根据调查圃地的杂草种类及其覆盖度，拟定消灭杂草的措施(如采用除草剂整地、轮作或半休闲等)，并规划育苗过程中中耕除草的次数和时间等。

9.3.2 设计部分

9.3.2.1 苗圃的生产任务与面积计算

(1)苗圃的生产任务

苗圃的生产任务应根据其用途来制订，任务中要指出育苗的种类(注明各类苗木占总数的百分比)、数量、要求达到的标准或规格，以及其他技术要求等。

如果上述任务在建立苗圃任务书中没有明确提出来，就应由设计者根据苗圃的主要任务和苗木供应地区的造林与绿化计划加以确定。

除了生产苗木的任务外，苗圃还有提供营养繁殖种条供本圃使用的任务。为此，还可能要设置采条母树区，其面积大小是根据插穗或接穗的需求量、每株母树可能采集的数量、采集周期等来决定。

(2)苗圃面积计算

计算苗圃面积前须先确定各种苗木培育的年限，苗木培育期内所采取的技术过程、轮作制以及单位面积的产苗量等。

苗圃地的总面积包括生产用地和非生产用地面积两部分。直接用于育苗和休闲的土地面积称为生产区面积，而道路、房舍、固定灌溉排水系统、蓄水池、制肥场、苗木窖、场院、防风林、沟篱等所占用的土地面积均为非生产用地面积。非生产用地的面积应不高于苗圃总面积的20%~25%。在计算各种苗木所需生产地面积时，要考虑到在培育苗木的过程中可能会受到损失，因此应将计划产苗量增加3%~5%。各个育苗树种所占面积的总和即为生产地的总面积，将其加上非生产地的面积即为苗圃面积。

①播种区面积计算　在计算播种区面积之前，要考虑整个育苗生产过程，根据育苗树种的生物学特征与圃地环境条件，确定是否采用轮作及轮作制，同时还要根据上述条件及育苗技术、将来使用的机器与机具、单位面积(或长度)的产苗量等条件来确定作业方式和育苗图式(株行距、组距、带距等)，确定后即可计算面积，结果填入播种区面积计算表(表9-1)。

表9-1　播种区面积计算表

序号	育苗树种	育苗年龄	育苗图式(cm)	每公顷带的总长度(m)	每公顷播种沟总长度(m)	每米长产苗量(株)	每公顷产苗量(万株)	生产任务(万株)	育苗和休闲区面积(hm^2)			
									1年生	2年生	休闲地	合计
总计												

②移植区(或插条区)的面积计算　和播种区一样，要根据树种的生物学特性、环境条件及抚育时所使用的工具等条件，确定育苗图式(如株行距)和轮作制，然后根据任务书中所规定的苗木年龄即可计算面积。即先考虑育苗图式计算单位面积产量，然后计算面积。计算时，为了补充育苗过程中损失的苗木数，要增加 6%的生产任务。计算结果填入移植区(或插条区)面积计算表(表 9-2)。

在移植区(或插条区)一般不必采用复杂的轮作制，只设休闲区，种植农作物及绿肥作物即可。将以上各类苗木生产区的面积相加即得苗圃生产区的总面积。

表 9-2　移植区(或插条区)面积计算表

序号	育苗树种	苗木年龄	育苗图式(株行距或行组距)(cm)	每公顷苗木产量(株)	生产任务(万株)	育苗和休闲区的面积(hm^2)			
						第一年	第二年	休闲	合计

③辅助用地面积计算　包括道路、建筑物、灌溉沟、排水沟、蓄水池、防护林、生篱、场院及积肥场等面积。用地规格(如宽度、长度、大小等)应参照定额表、笔记或参考书等来确定，在不影响育苗工作需要的原则下，辅助用地面积越小越好。辅助用地面积计算结果填入表 9-3。

表 9-3　辅助用地面积计算表

序号	名称	长度(m)	宽度(m)	面积(m^2)	合计
合计					

9.3.2.2　区划

通过苗圃地区划，充分合理地利用土地，便于生产管理。区划时应首先熟悉各种图面材料，结合生产任务、各树种苗木特性、所需面积、苗木培育期内各技术过程及应用的机具与自然条件等进行综合考虑，得出一个区划的初步方案并勾绘成草图。在对初步方案征求意见修改之后，即可进行正式区划。苗圃区划时，还应注意以下事项：

①道路网的设置要结合经营条件和交通的需要，无论已有的还是将要设置的道路，都要保证能通到苗圃的各个生产区。苗圃的道路网应保证在苗圃内所用的车辆、机器和机具通行方便，而且能有调头转弯的地方(最好用周围圃道)。面积较大、运输较多的苗圃主干道应保证通行两辆对开的汽车或拖拉机，其支干道能供一辆汽车、畜力车或拖拉机通行即可。在保证上述原则下，应尽量使其占地面积保持最小。

②苗圃场院的面积无明确规定，应根据具体情况设置，一般为0.2~1 hm^2。

③灌溉和排水渠道的设置要根据地形、水文等因子进行安排，灌溉的方向必须与耕作方向一致，输水的距离不宜太远。

④苗圃建筑物不应占用好地，但以选择地势高、排水良好而且能照顾到全圃方便的地段为宜。为了便于运输工作，苗圃建筑物应设在重要交通线附近以便交通工具能直接到达。

⑤苗圃耕作区的面积一般以1~3 hm^2 为宜。在耕作区中为了灌溉方便，还应区划出几个灌溉水区，灌水距离一般以50 m左右为宜，若过长会给灌溉工作带来许多困难。

⑥苗圃的防护林、生物篱或死篱等可根据需要而设，原有的能利用尽量利用。

9.3.2.3 绘制平面图

根据区划的结果绘制苗圃区划平面图，比例尺采用1∶2 000。平面图上要标示出各类苗木生产区和轮作区、道路、井、灌溉和排水渠道、建筑物、场院及防护林等的位置。对于道路和排灌系统的规格以及区划原则等，应有简单的说明。

9.3.2.4 各树种育苗技术措施设计

各树种育苗技术措施设计是课程设计最重要的部分，其中心思想应该是以最少的费用，从单位面积上获得优质高产的苗木。为此要充分运用所学理论，根据苗圃地的条件和树种特性，借鉴生产实践中的现有经验，拟定出适用的、正确的技术措施。

技术设计要分别每个树种顺序说明其育苗时各个工序的技术措施，并扼要说明理由。如两个树种育苗某个工序在措施上与另一树种相同时可省略，提出参照××树种便可。

(1)一年生播种苗一般培育工序设计

①整地、施基肥、作床　说明整地时间与要求，施用基肥种类、数量和方法，苗床的长度、宽度、高度，步道沟、边沟、中沟的宽度和深度。

②播种和播种地管理　制订播种前种子处理的方法、播种方法、播种时期、播种量等，播种地管理主要拟定覆盖物、灌溉、除草、揭草等措施。

③苗木抚育　拟定除草、松土、灌溉、追肥、间苗、遮阴和病虫害防治等抚育措施，要说明各项措施进行的具体要求。

④苗木出圃　拟定起苗、分级、统计、假植、包装等措施。

(2)一年生扦插苗一般培育工序设计

①枝条的采集和制穗　说明采条母树来源和选择标准、采集时期以及插穗截取方法(长度、粗度、切口部位、形状等)。

②整地、施基肥和作床　叙述和分析的项目同播种苗一般培育工序设计。

③扦插　拟定扦插前对插穗的处理、扦插时期、扦插株行距以及扦插深度等。

④苗木抚育　根据扦插苗培育特点，在抚育内容中有针对性地选择介绍说明抚育方法。

⑤苗木出圃　叙述和分析的项目同播种苗一般培育工序设计。

根据接受的设计任务和所确定的育苗树种及其特性，与圃地条件密切结合，将各树种的育苗技术措施安排妥当。然后按所拟定的育苗措施要求，结合相关部门所批准的劳动定额、物料定额与定价进行计算(以亩为单位)，按完成的年、月/旬次序填入表9-4，并结合使用的机具，计算各项育苗技术措施的育苗费，完成技术措施要点说明书。

育苗技术措施是对表 9-4 的说明。设计时，要按作业年度、作业顺序逐项说明其要点，基本技术不加叙述。每一作业年度结束时，要空一格，在(3)写“小计”。并将(7)~(17)栏内的数字分项进行累计。全部作业年度结束时，将各小计进行合计，即可得出某树种育苗措施所需的各种工日及其价值。

表 9-4　育苗技术措施及劳、畜、机力支出表

编号	工作时间 年	工作时间 月	工作名称	计算单位	总工作量	小组每日的工作定额	小组人数	所需的总劳动日			每日工资(元)			合计(元)		
								拖拉机日	畜工日	人工日	拖拉机日	畜工日	人工日	拖拉机日	畜工日	人工日
(1)	(2)	(3)	(4)	(5)	(6)	(7)	(8)	(9)	(10)	(11)	(12)	(13)	(14)	(15)	(16)	(17)

9.4 成本估算

在苗木生产过程中，如何提高苗木单位面积产量、质量并降低成本，是苗圃经营管理的中心环节。成本估算就是计划管理中的一项重要内容。

苗木成本可分为直接成本和间接成本两部分。凡是根据能够直接计入某种苗木生产的人工、畜工、机工、种子、肥料、物料、药料等费用成本均为直接成本；凡是不能直接计入某种苗木，而又必须分摊到各种苗木上的费用(如各项折旧费、定员工资、公杂费、管理费、维修费等)成本为间接成本。直接成本和间接成本加在一起叫作综合成本(或简称为成本)。通常所说的苗木成本就是指综合成本，一般用“元/千株”或“元/亩”表示。

9.4.1 每年育苗费用计算

在每年育苗技术设计时，按表 9-4 的格式分别树种和苗木种类将育苗全年的生产过程，如施肥、整地、播种、抚育和苗木出圃等项进行全面具体的设计。具体内容(如第 4 栏)要根据各项育苗技术实际生产工序的先后，按年、月/旬的次序分别填入，其他各栏按表中的规定参考定额表填写和计算。

表 9-4 的内容要按树种和苗木种类分别填写，苗圃辅助地的除草和修排水沟等的开支，要列在表 9-4 之后单独计算，因为这些费用将分给各树种的苗木。

在表 9-4 之后要有一个既有理论又有具体措施的设计说明，主要内容包括培育苗木全部生产过程中的育苗技术说明。例如，施肥和整地，说明在何时用何种肥料、用量、施用方法、深度、使用的工具及其必要的事项说明。

针对苗木的抚育保护工作，要说明目的、技术要求、开始与停止时期和必要的理论分析以及有关项目总的次数等。

说明的内容要全面而且要有必要的理论分析，不能简单地照抄笔记和教科书。此外，在说明中要指出对于苗圃辅助用地的管理要求和次数。

9.4.2 种苗和“三料”的计算

将每年对各树种的育苗技术设计完成后，可根据设计的内容计算出所需要的种子、苗木、“三料”(肥料、药料和物料)的数量及其费用。

(1)种子的计算

计算种子的数量和费用可利用表 9-5，根据播种地的面积去计算，种子的价格可通过市场调查或咨询相关人员获得。播种量可根据公式计算。

表 9-5 种子用量及费用计算表

编号	树种名称	面积(hm^2)	每公顷面积上播种行总长(m)	播种行的总长(m)	每米长的播种量(g)	需要的种子总量(kg)	每千克种子的价格(元)	种子总价(元)

(2)苗木的计算

培育移植苗时，可根据表 9-6 计算苗木的数量及其所需的费用。

表 9-6 苗木(或插穗)用量及费用计算表

编号	苗木(或插穗)的名称	面积(hm^2)	育苗图式	每公顷所需要的苗木(或插穗)数	总面积共需苗木(或插穗)数	每千株苗木(或插穗)的价格(元)	总价(元)

(3)“三料”的计算

“三料”是指肥料、药品和物料(如荫棚、草类作物或牧草的种子等)。根据所设计的每年育苗的技术内容，计算“三料”的用量和价格，计算结果填入表 9-7。

表 9-7　“三料”用量及费用计算表

编号	品名	单位	每公顷的用量(t)	施用面积(hm^2)	施用总量	单价(元)	总价(元)	备注

9.4.3　全年工作计划及人员编制

(1)全年工作计划

根据每年育苗技术设计中各种工作名称、时期，所需的拖拉机日、畜工日和人工日去编写全年工作计划，将表 9-4 中具有相同工作名称的机工日、畜工日、人工日加到一起转到本苗圃全年工作计划表(表 9-8)的相应月份中。

全年的工作计划表要按年编制，以说明每年工作对机工、畜工和人工的需要量，在各月栏内算出总数，根据总数可以计算出每月所需的机工、畜力及人工，按需提供。

表 9-8　苗圃全年工作计划表

编号	作业名称	1月			2月			3月			4月			5月			6月		
		拖拉机日	畜工日	人工日	拖拉机日	畜工日	人工日	拖拉机日	畜工日	人工日	拖拉机日	畜工日	人工日	拖拉机日	畜工日	人工日	拖拉机日	畜工日	人工日

编号	作业名称	7月			8月			9月			10月			11月			12月		
		拖拉机日	畜工日	人工日	拖拉机日	畜工日	人工日	拖拉机日	畜工日	人工日	拖拉机日	畜工日	人工日	拖拉机日	畜工日	人工日	拖拉机日	畜工日	人工日

(2)工具计划

根据固定工人的人数和全年工作计划表中每月的用工量和畜工日来确定手工具和畜力工具的数量，并计算其总价和一年的折旧费(表 9-9)，该表的折旧费的分配原则见建圃开支费的计算部分。

表 9-9 手工具和畜力工具等费用表

编号	工具名称	数量	单价(元)	总价(元)	使用年限(年)	一年的折旧费总额(元)

(3)人员编制

一个固定苗圃应有固定工人，其人数见定额表。固定工人的人数确定后填写表 9-10，并需进行劳动组织的优化组合，最充分地调动人的积极性，以便最大地提高劳动生产率。

表 9-10 苗圃工作人员编制表

职别	人数	每月工资	每年工资	备注
苗圃主任				
技术员				
会计员				
勤杂人员				
合计				

9.4.4 建圃开支费用计算

建圃开支费用指所需要做的，且在以后每年育苗工作中不再重复进行的工作项目的费用。例如，修建建筑物、道路、灌溉和排水渠道、蓄水池，营造防护林或生篱，开荒整地及农耕地不在每年重复进行的浅耕灭茬等工作项目所用的费用。除了上述项目之外，在新建苗圃的工作中，还要考虑圃地测量，平整圃地，苗圃区划和改良土壤等工作及其开支。

计算建圃开支时，参照表 9-11 的总工作量，其中，(2)需填写上述的有关项目；(4)是该项目工作的总工作量；(7)的折旧期由于具体项目不同，其使用年数也不同(如建筑物要使用几十年，而死篱只使用几年)，为了计算方便，可将其看作和苗圃经营年数相同，各项的折旧年数参考定额表；(9)(10)等栏是将一年折旧总额分配给有关苗木，分配原则是按各种苗育苗面积成正比地进行分配，或按各种苗木每年育苗的总额分配。

表 9-11　建圃一次性开支及其折旧费表

编号	项目	计算单位	总工作量	单位价格(元)	总价(元)	折旧期(年)	一年的折旧总价	各种苗木应得的折旧费(元)			
								播种苗	营养繁殖苗	移植苗	采穗圃
(1)	(2)	(3)	(4)	(5)	(6)	(7)	(8)	(9)	(10)	(11)	(12)

9.4.5　苗木成本的计算

苗木成本包括直接成本和间接成本。直接成本是直接用于该苗木的生产费用，如育苗费用(表 9-4)、种子费用(表 9-5)、苗木费用(表 9-6)及“三料”费用(表 9-7)等；间接成本指不直接用于该种苗木的费用(如工作人员开支、建圃开支、苗圃支出预算等)和工具折旧费(如手工具和畜力工具折旧费等)。

苗圃支出预算包括干部和勤杂人员的工资、办公费、建筑物的每年修缮费和工人的福利费等开支(表 9-12)。在实际生产中，有时苗圃支出预算需要每个项目单独编制预算，但在本课程设计中只大概计算总额即可。

苗圃支出预算，在实际生产中有时每个项目都要单独编制预算，但在本课程设计中只大概计算总额即可。

苗圃支出预算计算完之后，可计算苗木的生产成本并填写表 9-13。还需将表 9-4~表 9-7 的费用转到表 9-13 有关的苗木栏内，将表 9-9 和表 9-11 的一年折旧总额和表 9-12 的合计，按苗木每年所占地的面积或每年育苗费的总额成正比地分配给有关的苗木。如此将各种苗木的直接生产费和间接生产费相加即得苗木的成本。播种以千株为计算单位，移植苗和插条苗以百株为计算单位。

表 9-12　苗圃支出预算表　元

支出项目	总价
工资	
办公费	
建筑物每年修缮费	
其他	
合计	

表 9-13　苗木成本估算　元

开支项目	苗木的成本

9.5 提交实习成果

①苗圃调查规划设计说明书。

②完成苗圃规划设计平面图制作(图 9-1 和图 9-2)。

③完成相关表格的计算与填写。

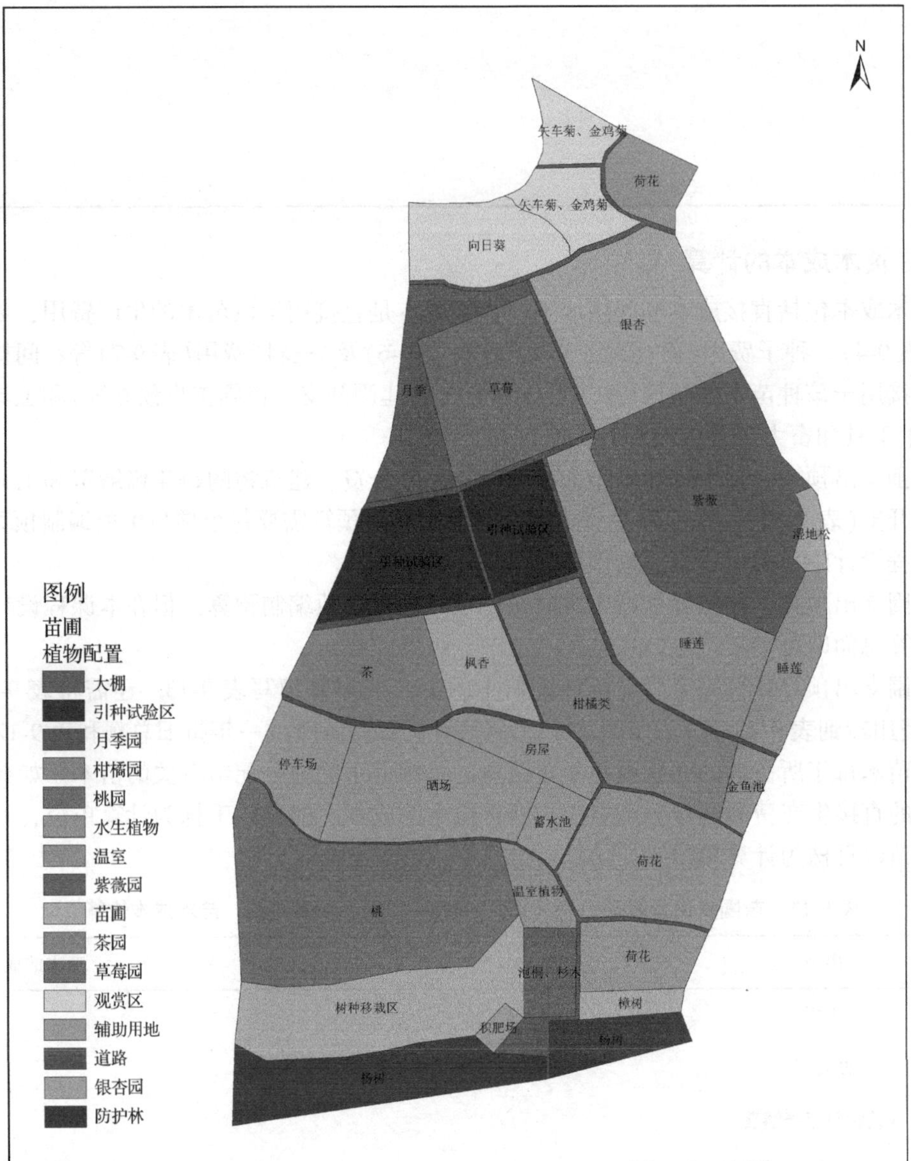

图 9-1 苗圃规划设计图

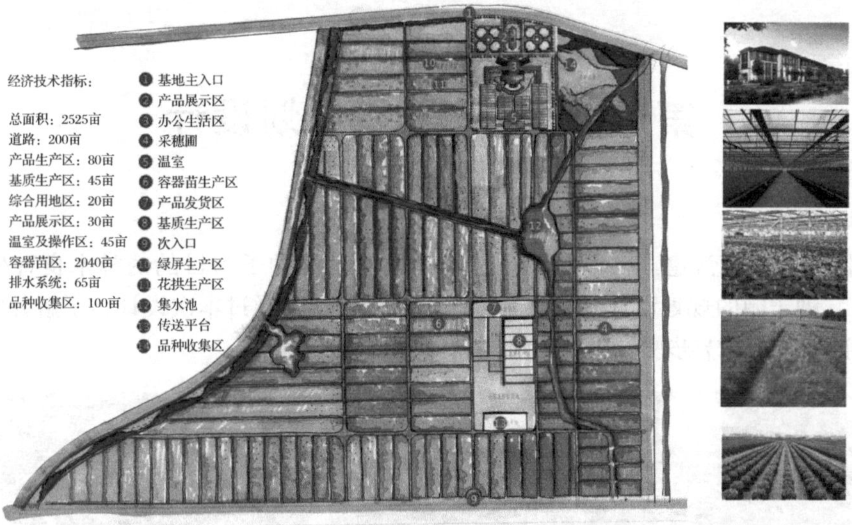
经济技术指标：
总面积：2525亩
道路：200亩
产品生产区：80亩
基质生产区：45亩
综合用地区：20亩
产品展示区：30亩
温室及操作区：45亩
容器苗区：2040亩
排水系统：65亩
品种收集区：100亩
1 基地主入口
2 产品展示区
3 办公生活区
4 采穗圃
5 温室
6 容器苗生产区
7 产品发货区
8 基质生产区
9 次入口
10 绿屏生产区
11 花拱生产区
12 集水池
13 传送平台
14 品种收集区

(a)

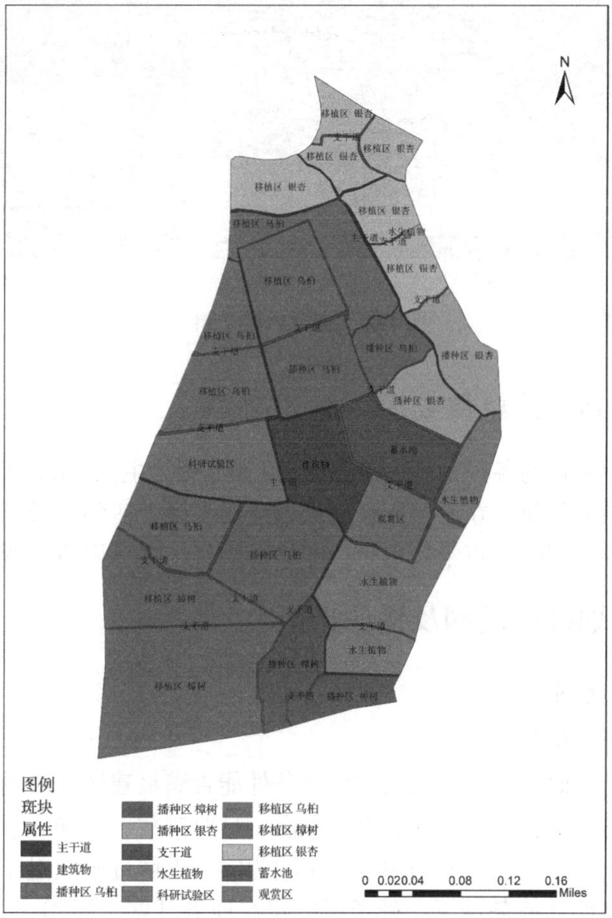
N
图例
斑块
属性
主干道
建筑物
播种区 乌桕
播种区 樟树
播种区 银杏
支干道
水生植物
科研试验区
移植区 乌桕
移植区 樟树
移植区 银杏
蓄水池
观赏区
0 0.02 0.04 0.08 0.12 0.16
Miles

(b)

图 9-2　苗圃区划图

第 10 章　种子园规划设计

种子园是由优树营建，以繁殖大量遗传品质优良的种子为目的的林木良种生产基地(图 10-1)。种子园的规划设计是营建种子园的基础工作，通过本次设计，了解并掌握种子园规划设计的各个环节步骤，加深对种子园营建过程的理解。

（a）　　　　　　　　　　（b）

图 10-1　落叶松种子园

10.1　种子园规划设计总体要求

根据前序实习中获得的各种地理信息数据(以地形图为主)，结合种子园对立地条件的要求和种子生产任务的需要，在实习所在地域内选择一块合适的区域营建杉木种子园。本次实习设计要求在种子园投入正常使用后，能够提供每年造林用苗木所需的种子量。

10.2　种子园规划设计提纲及操作指南

10.2.1　种子园的选址

10.2.1.1　种子园所在位置

种子园在选择园址时首先要分析当地生态条件能否满足建园树种的生长发育要求，包括气温、降水量、海拔等，尤其要注意有效积温、日照时数、早晚霜、授粉期降水量等气候条件。土壤以壤土或砂壤土等肥力中等的土壤为宜，土壤过肥或过于贫瘠都会影响树木正常开花结实。在局部立地条件下，种子园应建在地势开阔、平坦、背风、向阳的地段，要避免霜冻、雪压等不良气候因素影响。考虑到树种的适应性，种子园一般应设在建园树种的自然分布区内。

图 10-2 为湖北省桂花林场杉木种子园选址示意。桂花林场位于湖北省咸宁市崇阳县，东经 113°44′~114°10′，北纬 29°29′~29°39′，年平均气温 15. 5℃，无霜期 265 d，降水量 1 636 mm，日照时数 1 694. 6 h，土壤平均厚度 1. 5 m，为页岩坡积物形成的黄棕壤，pH 6. 0~6. 5，距离蒲圻至崇阳县公路干线约 1 km，山下有林场职工居民点。在杉木散粉期间，该地区的风向多为北风。在该区域内，种子生产区主要设计在缓坡区。同时在周围设立子代测定区和优树收集区。在实际选址时，应该利用前序实习中绘制的地形图进行精确选址，并在规划设计书中说明选址的依据。

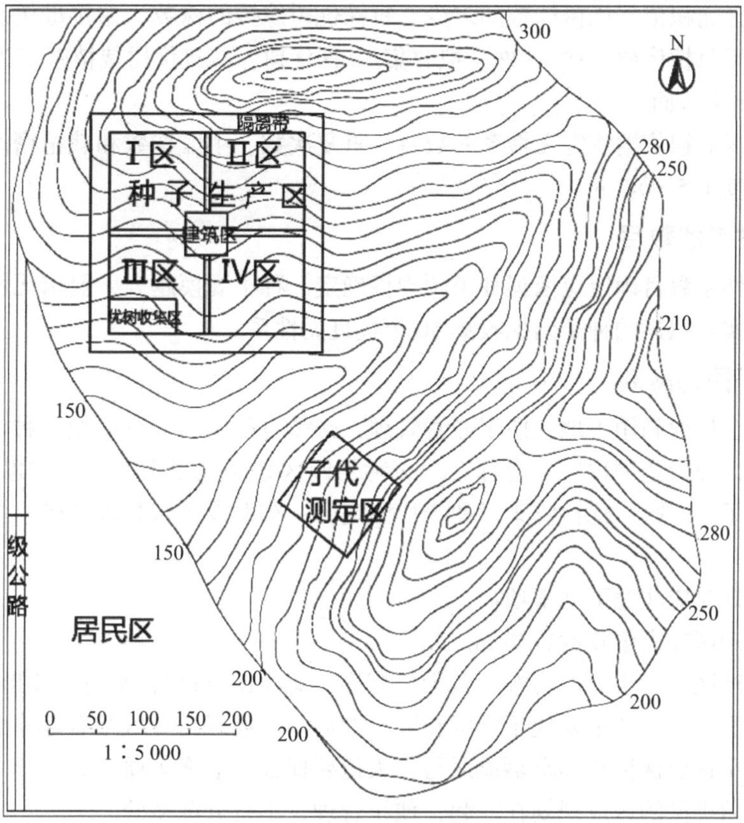

图 10-2　杉木种子园选址示意

10. 2. 1. 2　种子园经营条件

①交通条件　确定铁路、公路能否满足种子的调运及其他物资运输的需要。

②劳力供应状况　确定周围是否能提供种子园营建及经营过程中所需劳动力的需要。

③运输状况　确定车辆运输物资及球果、种子是否便利。

④水源情况与晒场　确定种子园的自然条件是否能满足灌溉条件及种子的收获、贮藏需求。

10. 2. 2　种子园生产任务

种子园生产任务是根据造林任务及外调种子的数量决定的，本实习拟建立一个在种子生产正常后每年能提供 2 800 亩造林用苗的种子园，杉木造林密度按照 2 m×2 m 计算。

10.2.3 种子园规模

种子园应包括种子生产区、优树收集区和子代测定区。

(1)种子生产区面积计算

种子生产区面积根据需种量和种子单产量来确定。一般杉木种子园正常年份种子产量5 kg/亩。一般情况下苗圃播种量5 kg/亩，苗圃出圃率为40 000株/亩，造林密度为1.5 m×2 m。考虑种子园具大小年现象及隔离和道路设置所需面积，故扩大40%左右。

(2)优树收集区面积计算

优树收集区面积依据优树株数的多少、每株优树嫁接的株数、嫁接母树栽植密度来确定。一般情况下每株优树嫁接10株，拟收集50株优树，嫁接优树栽植密度为2 m×2 m。

(3)子代测定区面积计算

子代测定区面积依据测定无性系的数目、重复次数、小区株数和栽植密度来确定。杉木一般造林密度1.5 m×2 m。

10.2.4 无性系的数目

种子园无性系数目确定应依据种子园规模确定，种子规模越大，要求无性系数目就要多一些，此次实习拟建的种子园拟收集50个优良无性系。

10.2.5 种子园的区划

为了充分合理地利用土地，便于经营管理，必须对种子园进行区划。种子园区划依据地形特点及各区经营范围进行，合理布局。种子园区划应包括生产区和辅助设施的区划，生产区包括种子生产区、优树收集区和子代测定区；辅助设施包括隔离带、主干道、大道和步道等。

种子园区划时应注意下列事项：

①种子生产区隔离带宽度≥30 m。

②种子生产区以近正方形为好。若为长方形，宽长比≥1/2，避免狭长形设置。

③道路网的配置及宽窄要便于物资和种子的运输。最好与分区结合起来，小道及步道不占面积，主干道要保证机动车辆能通行，大道要保证一般拖车通行。

④同一经营类型的区应规划在一起，便于管理，不宜分散多处。

10.2.6 无性系配置设计

无性系的种子生产区的配置设计应满足以下原则：

①同一无性系应保持最大间距。

②无性系之间不要有固定邻居。

③若采用疏劣型种子园建造方式，在抚育采伐后剩下无性系的株数应保持基本一致。

10.2.7 种子园营建技术措施的设计

种子园建园技术包括整地、优树收集、优树收集区和种子生产区砧木的准备、砧木的定植、定植密度、定植时间、嫁接时间、嫁接方法、嫁接苗的管理(松绑、扶正、抹萌)、补接、田间管理(含中耕、施肥、间作、嫁接树的保护、病虫害的防治)、隔离带树种的选定等。

10.2.8　种子园经费预算与收益预估

(1)投资费用

①建园费用　包括整地费、木苗费、定砧费、优树收集费、嫁接费、道路维修费等。

②抚育管理费　抚育、抹芽去萌、修枝、病虫防治、除草、间作、垦覆、施肥、球果采收、考种等抚育管理产生的费用。

③材料费　包括各种农用机械和工具等材料产生的费用。

(2)收益

①直接收益　指销售种子获得的收益。杉木种子园在建园后第 6 年就可开始正常生产种子，拟计划种子园产期 30 年，平均产种子 75 kg/hm^2，销售价格 50 元/kg。

②木材收益　指种子园衰老后，采伐母树获得木材的收益。一般每亩采伐木材 5 m^3，扣除砍伐费用后，木材单价 500 元/m^3。

经济核算需按年度、按项目列出经费概算。各项经费计算依据请参考附表 23。

10.3　种子园规划设计任务

种子园规划设计需编写说明书，应该包括种子园规划设计提纲中的所有内容及以下 6 个图表。

(1)种子园建设总体工作程序表(按项目、年度)(表 10-1)

表 10-1　种子园建设总体工作程序表

年度	完成项目
年度 1	
年度 2	

(2)种子园各区施工进度表(按项目、年度)(表 10-2)

表 10-2　种子园各区施工进度表

	优树收集区	子代测定区	种子生产区	园区建设
年度 1				
年度 2				

(3)种子园建设经费预算表(表 10-3)

表 10-3　种子园建设经费预算表

项目	数量	单价(元)	总价(元)	备注

(4)种子园收益预算表(表 10-4)

表 10-4 种子园收益预算表

项目	数量	单价(元)	总收入(元)	备注

(5)种子园区划平面图(精确制图并作为相关计算的依据)

如图 10-2 所示，需精确各区实际坐标位置。利用 ArcGIS 画出种子园整体区划平面图。

(6)种子生产区无性系配置图(在平面图上绘制无性系配置图)

画出无性系配置简图，如图 10-3 所示使用了轮换排列法安排无性系的栽植。

北

无性系 1	无性系 2	无性系 3	无性系 4	无性系 5	无性系 6	无性系 7	无性系 8
无性系 2	无性系 3	无性系 4	无性系 5	无性系 6	无性系 7	无性系 8	无性系 1
无性系 3	无性系 4	无性系 5	无性系 6	无性系 7	无性系 8	无性系 1	无性系 2

南

图 10-3 无性系位置排列

10.4 提交实习成果

①杉木种子园规划设计说明书。

②完成杉木种子园规划设计平面图制作。

③完成相关成本核算表格的填写。

参考文献

曹小玉，李际平，2016. 林分空间结构指标研究进展[J]. 林业资源管理(4)：65-73.
车友丽，2020. 森林资源规划设计调查归类判读调查方法探讨[J]. 现代农业研究，26(6)：90-91.
陈雪峰，2000. 试论国家森林资源连续清查体系的建设[J]. 林业资源管理(2)：3-8.
高松峰，刘贵明，2017. 地理信息系统原理及应用[M]. 北京：科学出版社.
国家林业和草原局，2023. 造林技术规程：GB/T 15776—2023[S]. 北京：中国标准出版社.
国家林业局，2005. 中国森林资源[M]. 北京：中国林业出版社.
国家林业局，2003. 森林资源规划设计调查主要技术规定[M]. 北京：中国林业出版社.
国家林业局，2005. 森林采伐作业规程：LY/T 1646—2005[S]. 北京：中国标准出版社.
国家林业局，2009，林业地图图式：LY/T 1821—2009 [S]. 北京：中国标准出版社.
国家林业局，2012，森林经营方案编制与实施规范：LY/T 2007—2012 [S]. 北京：中国标准出版社.
国家林业局，2015. 森林抚育规程：GB/T 15781—2015[S]. 北京：中国标准出版社.
国土资源部，2017. 土地利用现状分类：GB/T 21010—2017 [S]. 北京：中国标准出版社.
华一新，赵军喜，张毅，2019. 地理信息系统原理[M]. 北京：科学出版社.
惠刚盈，GASOW K V，2016. 结构化森林经营原理[M]. 北京：中国林业出版社.
惠刚盈，GASOW K V，胡艳波，等，2004. 林木分布格局类型的角尺度均值分析方法[J]. 生态学报，24(6)：1225-1229.
季碧勇，2014. 基于森林资源连续清查体系的浙江省立地分类与质量评价[D]. 杭州：浙江大学.
亢新刚，2011. 森林经理学[M]. 4 版. 北京：中国林业出版社.
李崇贵，蔡体久，2006. 森林郁闭度对蓄积量估测的影响规律[J]. 东北林业大学学报，34(1)：15-17.
李凤日，2019. 测树学[M]. 4 版. 北京：中国林业出版社.
李永宁，张宾兰，秦淑英，等，2008. 郁闭度及其测定方法研究与应用[J]. 世界林业研究，21(1)：40-46.
林珲，施迅，2017. 地理信息科学前沿[M]. 北京：高等教育出版社.
刘南，刘仁义，2002. 地理信息系统[M]. 北京：高等教育出版社.
刘泽锁，张兰，刘会锋，等，2020. 新林林业局森林资源经营分析及评价[J]. 林业勘查设计，49(2)：3-7.
罗富和，赵树丛，2015. 中国森林资源连清体系的发展机遇与完善策略[M]. 北京：中国林业出版社.

马古兰，2019. 生物多样性：测量与评估前沿[M]. 北京：科学出版社.
毛沂新，张慧东，王睿照，等，2019. 辽东山区原始阔叶红松林主要树种空间结构特征[J]. 应用生态学报，30(9)：2933-2940.
梅莉，张卓文，2019. 森林培育学实践教程[M]. 2 版. 北京：中国林业出版社.
孟宪宇，2006. 测树学[M]. 3 版. 北京：中国林业出版社.
祁有祥，骆汉，赵廷宁，2009. 基于鱼眼镜头的林冠郁闭度简易测量方法[J]. 北京林业大学学报，31(6)：60-66.
任万竹，陈可心，2020. 森林资源规划设计调查归类判读调查方法探究——以宁蒗县为例[J]. 绿色科技(7)：104-106.
汤国安，杨昕，等，2006. ArcGIS 地理信息系统空间分析实验教程[M]. 北京：科学出版社.
汤孟平，2010. 森林空间结构研究现状与发展趋势[J]. 林业科学，36(1)：117-122.
王巨斌，2003. 森林经理学(林业专业)[M]. 北京：中国科学技术出版社.
魏安世，2010. 基于“3S”的森林资源与生态状况年度监测技术研究[M]. 北京：中国林业出版社.
邬伦，张晶，赵伟，2002. 地理信息系统[M]. 北京：电子工业出版社.
吴飏，张登荣，张汉奎，等，2012. 结合图像纹理特征的森林郁闭度遥感估测[J]. 林业科学，48(2)：48-53.
杨海宾，2019. 基于森林资源连续清查数据的浙江省杉木林立地质量评价[D]. 杭州：浙江农林大学.
姚海英，仰素海，梁鹏鹏，等，2020. 浅析森林资源调查监测技术对环境保护的作用[J]. 现代园艺，43(18)：154-155.
张建龙，2019. 中国森林资源报告(2014—2018)[M]. 北京：中国林业出版社.
张晔珵，张怀清，陈永富，等，2016. 基于树冠因子的林木竞争指数研究[J]. 林业科学研究，29(1)：80-84.
赵忠，2015. 林业调查规划设计教程[M]. 北京：中国林业出版社.
周国逸，尹光彩，唐旭利，等，2018. 中国森林生态系统碳储量：生物量方程[M]. 北京：科学出版社.
翟明普，马履一，2021. 森林培育学[M]. 4 版. 北京：中国林业出版社.
ANNIKA KANGAS，MATTI MALTAMO，2010. 森林资源调查：方法与应用[M]. 黄晓玉，雷渊才，译. 北京：中国林业出版社.

附　录

附表 1　土地利用现状分类(GB/T 21010—2017)节选

表 A1　土地利用现状分类和编码

一级类		二级类		含义
编码	名称	编码	名称	
01	耕地			指种植农作物的土地，包括熟地，新开发、复垦、整理地，休闲地(含轮歇地、休耕地)；以种植农作物(含蔬菜)为主，间有零星果树、桑树或其他树木的土地；平均每年能保证收获一季的已垦滩地和海涂。耕地中包括南方宽度<1.0 m、北方宽度<2.0 m 固定的沟、渠、路和地坎(埂)；临时种植药材、草皮、花卉、苗木等的耕地，以及其他临时改变用途的耕地
		0101	水田	指用于种植水稻、莲藕等水生农作物的耕地。包括实行水生、旱生农作物轮种的耕地
		0102	水浇地	指有水源保证和灌溉设施，在一般年景能正常灌溉，种植旱生农作物的耕地。包括种植蔬菜等的非工厂化的大棚用地
		0103	旱地	指无灌溉设施，主要靠天然降水种植旱生农作物的耕地，包括没有灌溉设施，仅靠引洪淤灌的耕地
02	园地			指种植以采集果、叶、根、茎、汁等为主的集约经营的多年生木本和草本作物，覆盖度>50%或每亩株数>合理株数 70%的土地。包括用于育苗的土地
		0201	果园	指种植果树的园地
		0202	茶园	指种植茶树的园地
		0203	橡胶园	指种植橡胶树的园地
		0204	其他园地	指种植桑树、可可、咖啡、油棕、胡椒、药材等其他多年生作物的园地
03	林地			指生长乔木、竹类、灌木的土地，及沿海生长红树林的土地。包括迹地，不包括居民点内部的绿化林木用地，铁路、公路征地范围内的林木，以及河流、沟渠的护堤林
		0301	乔木林地	指乔木郁闭度≥0.2 的林地，不包括森林沼泽
		0302	竹林地	指生长竹类植物，郁闭度≥0.2 的林地
		0303	红树林地	指沿海生长红树植物的林地
		0304	森林沼泽	以乔木森林植物为优势群落的淡水沼泽
		0305	灌木林地	指灌木覆盖度≥40%的林地，不包括灌丛沼泽
		0306	灌丛沼泽	以灌丛植物为优势群落的淡水沼泽
		0307	其他林地	包括疏林地(指树木郁闭度≥0.1、<0.2 的林地)、未成林地、迹地、苗圃等林地

（续）

一级类		二级类		含义
编码	名称	编码	名称	
04	草地			指生长草本植物为主的土地
		0401	天然牧草地	指以天然草本植物为主，用于放牧或割草的草地
		0402	沼泽草地	指以坦然草本植物为主的沼泽化低地草甸、高寒草甸
		0403	人工牧草地	指人工种植牧草的草地
		0404	其他草地	指树木郁闭度<0.1，表层为土质，生长草本植物为主，不用于畜牧业的草地
05	商服用地			指主要用于商业、服务业的土地
		0501	零售商业用地	以零售功能为主体的商铺、商场、超市和加油、加气、充换电站等的用地。
		0502	批发市场用地	以批发功能为主的市场用地
		0503	餐饮用地	饭店、餐厅、酒吧等用地
		0504	旅馆用地	宾馆、旅馆、招待所、服务型公寓、度假村等用地
		0505	商务金融用地	指商务服务用地，以及经营性的办公场所用地。包括写字楼、商业性办公场所、金融活动场所和企业厂区外独立的办公场所；信息网络服务、信息技术服务、电子商务服务、广告传媒等用地
		0506	娱乐用地	指剧院、音乐厅、电影院、歌舞厅、网吧、影视城、仿古城以及绿化率<65%的大型游乐等实施用地
		0507	其他商服用地	指上述用地以外的其他商业、服务业用地。包括洗车场、洗染店、废旧物资回收站、机动车、电子产品和日用品维修网点、物流营业网点，以及居住小区及小区级以下的配套的服务设施等用地
06	工矿仓储用地			指主要用于工业生产、物资存放场所的土地
		0601	工业用地	指工业生产、产品加工制造、机械和设备修理及直接为工业生产等服务的附属设施用地
		0602	采矿用地	指采矿、采石、采砂(沙)场，盐田，砖瓦窑等地面生产用地及尾矿堆放地
		0603	盐田	指用于生产盐的土地，包括晒盐场所、盐池及附属设施用地
		0604	仓储用地	指用于物资储备、中转的场所用地，包括物流仓储设施、配送中心、转运中心等
07	住宅用地			指主要用于人们生活居住的房基地及其附属设施的土地
		0701	城镇住宅用地	指城镇用于生活居住的各类房屋用地及其附属设施用地。包括普通住宅、公寓、别墅等用地
		0702	农村宅基地	指农村用于生活居住的宅基地

（续）

一级类		二级类		含义
编码	名称	编码	名称	
08	公共管理与公共服务用地			指用于机关团体、新闻出版、科教文卫、风景名胜、公共设施等的土地
		0801	机关团体用地	指用于党政机关、社会团体、群众自治组织等的用地
		0802	新闻出版用地	指用于广播电台、电视台、电影厂、报社、杂志社、通讯社、出版社等的用地
		0803	教育用地	指用于各类教育用地，包括高等院校，中等专业学校、中心、小学、幼儿园及其附属设施用地，聋、哑、成人学校及攻读学校用地，以及为学校配件的独立地段的学生生活用地
		0804	科研用地	独立的科研、勘测、设计、技术推广、环境评估与监测、科普等科研事业单位及其附属设施用地
		0805	医疗慈善用地	指用于医疗保健、卫生防疫、急救康复、医检药检、福利救助等的用地
		0806	社会福利用地	指为社会提供福利和慈善服务的设施及其附属设施用地。包括福利院、养老院、孤儿院等用地
		0807	文化设施用地	指图书、展览等公共文化活动设施用地。包括公共图书馆、博物馆、档案馆、科技馆、纪念馆、美术馆和展览馆等设施用地；综合文化活动中心、文化馆、青少年宫、儿童活动中心、老年活动中心等设施用地
		0808	体育用地	指体育场馆和体育训练基地等用地，包括室内外体育运动用地，如体育馆、游泳馆、各类球场及其附属的业余体校等用地，溜冰场、跳伞场、摩托车场、射击场，以及水上运动的场所等用地，以及为体育运动专设的训练基地用地，不包括学校等机构专用的体育设施用地
		0809	公共设施用地	指用于城乡基础设施的用地。包括给排水、供电、供热、供气、邮政、电信、消防、环卫、公用设施维修等用地
		0810	公园与绿地	指城镇、村庄内部的公园、动物园、植物园、街心花园和用于休憩及美化环境的绿化用地
09	特殊用地			指用于军事设施、涉外、宗教、监教、殡葬等的土地
		0901	军事设施用地	指直接用于军事目的的设施用地
		0902	使领馆用地	指用于外国政府及国际组织驻华使领馆、办事处等的用地
		0903	监教场所用地	指用于监狱、看守所、劳改场、劳教所、戒毒所等的建筑用地
		0904	宗教用地	指专门用于宗教活动的庙宇、寺院、道观、教堂等宗教自用地
		0905	殡葬用地	指陵园、墓地、殡葬场所用地
		0906	风景名胜设施用地	指风景名胜(包括名胜古迹、旅游景点、革命遗址等)景点及管理机构的建筑用地。景区内的其他用地按现状归入相应地类

（续）

一级类		二级类		含义
编码	名称	编码	名称	
10	交通运输用地			指用于运输通行的地面线路、场站等的土地。包括民用机场、港口、码头、地面运输管道和各种道路用地
		1001	铁路用地	指用于铁道线路、轻轨、场站的用地。包括设计内的路堤、路堑、道沟、桥梁、林木等用地
		1002	轨道交通用地	指用轻轨、现代有轨电车、单轨等轨道交通用地、以及场站用地
		1003	公路用地	指用于国道、省道、县道和乡道的用地。包括设计内的路堤、路堑、道沟、桥梁、汽车停靠站、林木及直接为其服务的附属用地
		1004	城镇村道路用地	指用于城镇、村庄内部公用道路(含立交桥)及行道树的用地。包括快速路、主干路、次干路、支路、专用人行道和非机动车道，及其交叉口等
		1005	交通服务场站用地	指城筑、村庄范围内交通服务设施用地，包括公交枢纽及其附属设施用地、公路长途客运站，公共交通场站、公共停车场车漏、教练场等用地。不包括交通智慧中心、交通队用地
		1006	农村道路	指公路用地以外的南方宽度≥1.0 m、北方宽度≥2.0 m 的村间、田间道路(含机耕道)
		1007	机场用地	指用于民用机场、军民合用机场的用地
		1008	港口码头用地	指用于人工修建的客运、货运、捕捞及工作船舶停靠的场所及其附属建筑物的用地，不包括常水位以下部分
		1009	管道运输用地	指用于运输煤炭、石油、天然气等管道及其相应附属设施的地上部分用地
11	水域及水利设施用地			指陆地水域，海涂，沟渠、水工建筑物等用地。不包括滞洪区和已垦滩涂中的耕地、园地、林地、居民点、道路等用地
		1101	河流水面	指天然形成或人工开挖河流常水位岸线之间的水面，不包括被堤坝拦截后形成的水库水面
		1102	湖泊水面	指天然形成的积水区常水位岸线所围成的水面
		1103	水库水面	指人工拦截汇集而成的总库容≥10 万 m^3 的水库正常蓄水位岸线所围成的水面
		1104	坑塘水面	指人工开挖或天然形成的蓄水量<10 万 m^3 的坑塘常水位岸线所围成的水面
		1105	沿海滩涂	指沿海大潮高潮位与低潮位之间的潮浸地带。包括海岛的沿海滩涂。不包括已利用的滩涂
		1106	内陆滩涂	指河流、湖泊常水位至洪水位间的滩地；时令湖、河洪水位以下的滩地；水库、坑塘的正常蓄水位与洪水位间的滩地。包括海岛的内陆滩地。不包括已利用的滩地
		1107	沟渠	指人工修建，南方宽度≥1.0 m、北方宽度≥2.0 m 用于引、排、灌的渠道，包括渠槽、渠堤、取土坑、护堤林
		1108	沼泽地	指经常积水或渍水，一般生长湿生植物的土地。包括草本沼泽、苔藓沼泽、内陆盐沼等。不包括森林沼泽、灌丛沼泽和沼泽草地

（续）

一级类		二级类		含义
编码	名称	编码	名称	
11	水域及水利设施用地	1109	水工建筑用地	指人工修建的闸、坝、堤路林、水电厂房、扬水站等常水位岸线以上的建筑物用地
		1110	冰川及永久积雪	指表层被冰雪常年覆盖的土地
12	其他土地			指上述地类以外的其他类型的土地
		1201	空闲地	指城镇、村庄、工矿内部尚未利用的土地。包括尚未确定用途的土地
		1202	设施农用地	指直接用于经营性畜禽养殖生产设施及附属设施用地；直接用于作物栽培或水产养殖等农产品生产的设施及附属设施用地；直接用于设施农业项目辅助生产的设施用地；晾晒场、粮食果品烘干设施、粮食和农资临时存放场所、大型农机具临时存放场所等规模化粮食生产所必须的配套设施用地
		1203	田坎	指梯田及梯状坡地耕地中，主要用于拦蓄水和护坡，南方宽度≥1.0 m、北方宽度≥2.0 m的地坎
		1204	盐碱地	指表层盐碱聚集，生长天然耐盐植物的土地
		1205	沙地	指表层为沙覆盖、基本无植被的土地。不包括滩涂中的沙地
		1206	裸土地	指表层为土质，基本无植被覆盖的土地
		1207	裸岩石砾地	指表层为岩石或石砾，其覆盖面积≥70%的土地

附表 2 遥感影像判读踏查调查表

时间：　　　　天气：　　　　人员：

编号	经度	纬度	地类信息	备注描述

附表 3 立地类型划分坡度因子等级

。

坡度等级	坡度	坡度等级	坡度
平坡	<5	陡坡	26~35
缓坡	6~15	急坡	36~45
斜坡	16~25	险坡	>46

附表 4 坡向方位界定标准

坡向	角度	坡向	角度
阳坡	135~225	半阴坡	45~90 和 270~315
半阳坡	90~135 和 225~270	阴坡	315~45

注：以正北为 0°。

附表 5 龄级平均年龄

龄级	年数			
	每一龄级为 20 年时		每一龄级为 10 年时	
	年龄范围	平均年龄	年龄范围	平均年龄
Ⅰ				
Ⅱ				
Ⅲ				
Ⅳ				
Ⅴ				
Ⅵ				
Ⅶ				
Ⅷ				

附表 6 平均年龄的计算

龄级	龄级平均年龄	龄级面积（hm^2）	$a \times s$	平均年龄计算公式
Ⅰ	5	6	30	
Ⅱ	15	94	1 410	
Ⅲ	25	40	1 000	
Ⅳ	35	15	525	
Ⅴ	45	35	1 575	$A=\frac{\sum as}{\sum s}=\frac{13\ 090}{334}=39.19\approx 39$(年)
Ⅵ	55	111	6 105	式中：A 为平均年龄；a 为各个龄级的平均年龄(即龄级中值)；s 为各个龄级的有林地面积(hm^2)
Ⅶ	65	15	975	
Ⅷ	75	6	450	
Ⅸ	85	12	1 020	
合计		334	13 090	

附表 7 样地植被调查因子汇总表

样地编号	乔木									灌木平均高（m）	更新树种
	树种组成	平均胸径（cm）	平均树高（m）	蓄积量（m^3）	郁闭度	密度（株/hm^2）	采伐强度		出材率（%）		
							株数	蓄积量（m^3）			

汇总时间： 汇总人：

附表 8 立地因子调查表

编号： 地点：

调查段周围情况：

经纬度坐标： 海拔：

坡向： 坡度： 坡位：

地形特点： 小气候特点：

人为活动情况：

土壤剖面特点

土层厚度（cm）	腐殖质厚度（cm）	石砾含量（%）	干湿度（%）	质地	紧实度	结构	根系分布

土壤名称：

乔木：

树种	年龄	树高（m）	胸径（cm）	单位面积株数（株/hm^2）	分布	生长状况

灌木总覆盖度________%

种类	高度（m）	覆盖度（%）	分布	其他

草本总盖度________%

种类	高度（cm）	覆盖度（%）	分布	其他

调查者： 调查日期：

附表 9 林分(乔灌层)调查表

样方编号： 样方面积： 地点： 经纬度坐标： 郁闭度：
群落名称： 海拔： 坡向： 坡度： 坡位：

编号	树种名称	林龄（年）	胸径（cm）	基径（cm）	树高（m）	枝下高（m）	冠幅(cm)		生活力	物候期	病虫害
							东西	南北			
1											
2											
3											
4											
5											
6											
7											
⋮											
38											

调查时间： 调查人：

附表 10 各类土地面积统计表

hm^2

林班	总面积	林业用地																	非林业用地					
			有林地										无林地										
		合计	小计	用材林	防护林	能源林	特种用途林	经济林	疏林地	灌木林地	未成林造林地	苗圃地	小计	荒山荒地	采伐迹地	灌木丛地	火烧迹地	合计	农业用地	牧业用地	水域	特用地	未利用地
总计 天然林																							
总计 人工林																							

附表 11　经营区利用经营类型优势树种大龄级表

hm²、m³

统计单位（林班）	调查年份	合计		Ⅰ龄级					Ⅱ龄级					Ⅲ龄级					Ⅳ龄级					Ⅴ龄级					Ⅵ龄级					Ⅶ龄级					Ⅷ龄级					Ⅸ龄级					Ⅹ龄级				
		面积	蓄积量	小班号	面积	郁闭度	蓄积量	地位级	小班号	面积	郁闭度	蓄积量	地位级	小班号	面积	郁闭度	蓄积量	地位级	小班号	面积	郁闭度	蓄积量	地位级	小班号	面积	郁闭度	蓄积量	地位级	小班号	面积	郁闭度	蓄积量	地位级	小班号	面积	郁闭度	蓄积量	地位级	小班号	面积	郁闭度	蓄积量	地位级	小班号	面积	郁闭度	蓄积量	地位级	小班号	面积	郁闭度	蓄积量	地位级
总计																																																					

附表 12 平均每公顷蓄积量与平均生长量计算过程

龄级	Ⅰ	Ⅱ	Ⅲ	Ⅳ	Ⅴ	Ⅵ	Ⅶ	Ⅷ	Ⅸ	合计
蓄积量(m^3)	110	2 690	4 430	1 060	$\frac{2\ 820}{1\ 860}$	24 400	3 160	360	850	$\frac{39\ 880}{1\ 860}$
面积(hm^2)	6	94	40	15	35	111	15	6	12	334
平均每公顷蓄积量(m^3)	18.3	29.6	11.1	71	134	220	211	60	71	125
各龄级的平均年龄	5	15	25	35	45	55	65	75	85	39
龄级的平均生长量	22	179	177	30	108	444	49	5	10	1 070
各龄级每公顷平均生长量	3.7	1.9	4.4	2.0	3.0	4.0	3.2	0.8	0.8	3.2

附表 13 主伐一览表

采伐年度	林班号	小班号	采伐面积(hm^2)	龄级	地位级	郁闭度	采伐面积的总蓄积量(m^3)	林层的组成及各树种年龄	采伐面积的各树种蓄积量(m^3)	保留的立木蓄积量(m^3)	预定采伐的蓄积量(m^3)	其中		商品材总计(m^3)	采伐记载
					林型	出材率等级						用材	薪材		
							××经营类型								

附表 14 森林抚育采伐一览表

林班号	小班号	面积(hm^2)	蓄积量(m^3)	采伐强度(%)	伐除量(m^3)	备注

附表 15 造林一览表

林班号	小班号	土地种类	播种造林			植苗造林		
			主要树种	整地方式	造林面积	主要树种	整地方式	造林面积

附表 16 更新资源一览表

hm^2

经营类型	更新土地种类						合计	更新方式
	旧采伐迹地	本复查期的采伐迹地	火烧迹地	林间空地	荒山荒地	疏林地		

附表 17 促进森林天然更新措施一览表

林班号	小班号	土地种类	优势树种	促进措施	措施面积	整地方式

附表 18 林分改造一览表

林班号	小班号	面积（hm^2）	小班蓄积量（m^3）	现有林分种类	目的林分树种组成	改造措施	采伐蓄积量（m^3）	改造完成年限

附表 19 森林病虫害防治措施一览表

hm²

林班号	小班号	面积	病虫害种类	各树种的受害情况	防治措施	备注

附表 20 各类年伐量比例分析表

经营类型名称	年采伐量(m^3)							年平均生长量(m^3)	总采伐利用量占年平均生长量的比例(%)
	主伐	比例(%)	抚育伐	比例(%)	卫生伐	比例(%)	总计		

附表 21 主伐年龄

树种	起源	主伐年龄		经营类型	起源	主伐年龄	
		年数	龄级			年数	龄级
红松、云杉	天然 人工	121~140 81~100	Ⅵ Ⅴ	红松	天然 人工	141~160 81~100	Ⅶ Ⅴ
落叶松、冷杉	天然 人工	101~120 41~50	Ⅵ Ⅴ	云、冷杉	天然	81~100	Ⅴ
软阔	天然	61~70	Ⅵ	落叶松	人工	41~50	Ⅴ
硬阔	天然 人工	81~100 51~60	Ⅴ Ⅵ	软阔	天然	51~60	Ⅵ

注：林业部 1982 年 12 月规定　　　　本复查期林场确定

附表 22 计算与确定的年伐量一览表

hm²、m³

经营区和经营类型名称	主伐年龄	按生长量		按面积轮伐		按成熟度		按林龄Ⅰ、Ⅱ		按林况		按法正蓄积		按蓄积结合生长量		标准年伐量	
		面积	蓄积量	面积	蓄积量	面积	蓄积量	面积	蓄积量	面积	蓄积量	面积	蓄积量	面积	蓄积量	面积	蓄积量

附表 23 种子园设计相关费用参考

序号	项目	单价	序号	项目	单价
1	整地费	60 元/亩	8	材料费	100 元/亩
2	道路建设	20 元/亩	9	优树收集费	1 000 元/株
3	房屋建筑费	100 元/亩	10	农药化肥	20 元/(亩·a)
4	定砧嫁接	1 元/株	11	种子	30 元/亩
5	采种	16 元/kg	12	苗木费	0.2 元/株
6	地价	50 元/亩	13	抚育管理费	100 元/(亩·a)
7	工具费	15 元/亩			